U0572091

树说千年

一座城的绿色年轮

广州市林业和园林局 编

SPM
南方传媒

花城出版社

中国·广州

图书在版编目（ＣＩＰ）数据

树说千年：一座城的绿色年轮 / 广州市林业和园林
局编. -- 广州：花城出版社，2023.12
ISBN 978-7-5749-0161-2

Ⅰ. ①树… Ⅱ. ①广… Ⅲ. ①树木－广州－普及读物
Ⅳ. ①S717.265.1-49

中国国家版本馆CIP数据核字(2023)第246066号

出 版 人：张　懿
责任编辑：陈诗泳
责任校对：张　旬
技术编辑：凌春梅
装帧设计：广州市耳文广告有限责任公司

书　　名　树说千年：一座城的绿色年轮
　　　　　SHU SHUO QIAN NIAN：YI ZUO CHENG DE LÜ SE NIANLUN
出版发行　花城出版社
　　　　　（广州市环市东路水荫路 11 号）
经　　销　全国新华书店
印　　刷　广东广州日报传媒股份有限公司印务分公司
　　　　　（广州市白云区增槎路 1113 号）
开　　本　787 毫米 × 1092 毫米　16 开
印　　张　13
字　　数　195，000 字
版　　次　2023 年 12 月第 1 版　2023 年 12 月第 1 次印刷
定　　价　128.00 元

如发现印装质量问题，请直接与印刷厂联系调换。
购书热线：020-37604658　37602954
花城出版社网站：http://www.fcph.com.cn

编委会

广州市林业和园林局

主　　任：蔡胜

副 主 任：陈迅

主　　编：马燕　郑小丽　史丹妮

编　　委：熊敬华　刘星　彭瑶琴　张潇涵

学术顾问：（按姓氏笔画排序）

　　　　　王瑞江　代色平　朱纯　陈鸿钧　黄颂谊

　　　　　广州市林业和园林科学研究院

文字编辑：史丹妮　焦慧　林丹　翁琳

图片编辑：耳东尘　柯冠华　温日荧　李梓豪

文字作者：史丹妮　焦慧　莫尔多姿　翁琳　陈文荣　朱茵　李茵楠　黄敏加　静萱

摄影作者：耳东尘　史丹妮　焦慧　一帆

插画作者：柯冠华　邓海斐　麦紫然

排版设计：柯冠华　温日荧　李梓豪

美术编辑：广州市耳文广告有限责任公司

目录 Contents

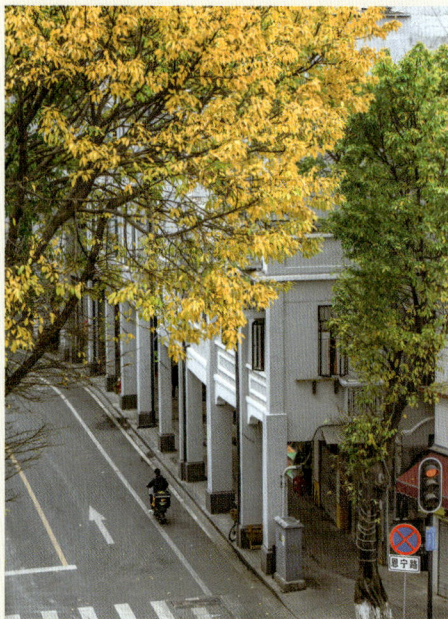

目录
Contents

第五章 / 庭院里的老风景

Chapter V: The Old Landscape in the courtyard

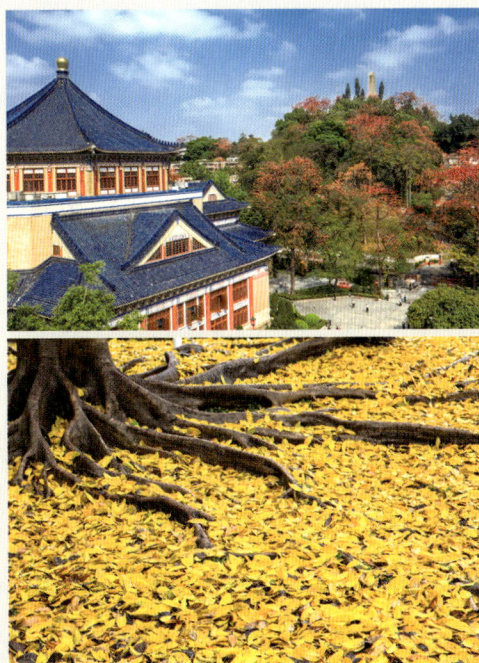

写在前面

古树于千年古城广州，是信仰之图腾：古村必有古榕，榕繁茂之地必是百业昌盛、子孙兴旺之居所；挺拔的木荷象征着家庭和美；巍峨菩提树代表出尘的大智慧；虬然龙眼树则预兆子息旺盛、学业有成……凝结朴素而美好寓意的古树，是抚慰人心的绿色精灵。

古树于古城广州，是审美之模范：殿堂庙宇之间，树形雄奇、花开似火的木棉，带来蓬勃向上、欣欣向荣的春之气息；形体古朴的樟树、水松又为建筑群落增添端庄之美；水口之位，除了古榕社树，常以树形优美、秋叶红艳的枫香树增色……古树，让古城有了别样的气质。

古树于古城广州，还是温情脉脉的集体记忆，营城2000多年的广州城，因朝代更迭、城市变革……留在城市里的，绝大部分只是明清时的古建遗存，还好，我们有古树，有与古树共生共荣了几百、上千年的村落与古巷，由古树为起点的一村一巷的故事碎片，经一代又一代村民和街坊口口相传，这些在街头巷尾上演过的岁月传奇，编织起来，不就是一匹布长的古城故事？

截至2023年12月，从20世纪80年代开始的40多年间，广州在全境对古树先后进行过7次拉网式摸查，录得百岁以上的古树近万株。南抵南沙海滨，北至从化叠嶂，入香火袅袅之名刹，访炊烟依依之古村，深深庭院、肃然庙堂、幽幽山野、熙攘城央，古城的古树，每一棵，都是一首悠扬的岁月之歌，是时光留给古城的无价瑰宝。

这一本以广州古树为主角的《树说千年》，以古树为主线，用历史典故、植物科普、民风民俗为经纬，以期串联起一段段淹没于岁月长河里的古城故事。

序章 说的是万株古树的概况——古树的主要树种、各区的分布，它们长寿以及数量众多的原因等；**第一章 三种古树，一种广味** 则抽取了三种最能代表广州气质的长寿树种，理解了它们与广州城、广州人的关系，对古城广州的前世今生，便有了维度更丰富的认知；**第二章 古树的顶流明星** 讲述了古城广州最老、最高、最宽的古树都在哪里，它们又有着什么样的传奇故事，这个章节，是一个通往广州古树群落的快速通道；第三章到第六章，从古树集中分布的庙宇（**第三章 香火深处种福荫**）、公园（**第四章 公园里的老寿星**），以及古建之庭院（**第五章 庭院里的老风景**）来划分，深度进入古城的肌理，读树、读城；**第六章 名人相伴的旧时光**，古城多英杰，那些陪伴传奇人物度过峥嵘岁月的古树名木，何尝不是古城的一座座鲜活的丰碑；**第七章 古城里的绿宝藏**，是总结也是展望，这万株绿色宝藏，从了解到守护，将是一条漫长之路。

一页页读来，有血有肉的古城记忆，便入了心。

注：本书涉及的植物名，采用的皆是日常惯用名，末页有学名及中文正名对照，以便检索；另，书中树龄以截至2023年12月广东古树名木信息管理系统公布的数据为准。

读古树，听古城千年足音

一座城的绿色年轮

自秦平岭南、设南海郡番禺县以来，拥有2200多年历史的广州，千年间人杰身死、楼台化土、尘事烟散，除了几卷史书、几阕诗歌，唯这散落在城中的万株古树精灵，它们记得城中的迎来送往，那些岁月的吉光片羽，就烙在了一圈圈的年轮里。

最为长寿的增城白花鱼藤在萌芽生长时，中国还处在唐代，相传家住增城的何仙姑刚刚成仙。

带领北宋将士荡平南汉王朝的广东防御史钟轼，他的五世孙举家迁至黄埔的萝岗开塾授课，书院旁边的荔枝树，彼时已是200岁老树，这棵至今已过千岁的荔枝树，见证了南宋右丞相、岭南儒宗崔与之（菊坡先生）在书院开蒙、成才，奔赴理想、最终归隐山林的岁月传奇。

700年前的元朝，唐代建成的怀圣寺被大火烧毁，而在南沙，一棵榕树在临海乡间的一处门楼上扎根、萌发、茁壮长至参天，它的年轮犹如老唱片般，缓缓划过700多圈，任岁月慢慢地把门砖化成齑粉，任沧海东退成了桑田。

截至2023年12月，根据广东省古树名木信息管理系统的统计结果，广州市全境共有古树名木9940棵，其中，树龄500岁以上的一级古树9棵，树龄在300～499岁的二级古树156棵，古树群56个，名木20棵。这是广州城极其珍贵的绿色遗产。

这座古城的故事，幸得这近万棵绿色遗产伏脉千里，伏笔千年，你且坐在这前人种的凉荫下，慢慢听。

从20世纪80年代开始，广州市在全市范围内进行了7批拉网式的古树普查工作，经过普查、鉴定、定级、登记、认定，共登记古树名木9940棵。

对近万棵古树名木明确管护单位、管护人，每棵古树名木实行卫星定位建档、挂牌，对其生长环境、生长状况、土壤情况的调查，病虫害的防治及病树的复壮……建立起了一套系统而完整的档案。

【古 树】

在人类历史过程中保存下来的年代久远，或具有重要科研、历史、文化价值的树木，树龄在100年以上，根据全国绿化委员会的标准，古树分为三级：

一级古树：树龄500岁以上；

二级古树：树龄300～499岁；

三级古树：树龄100～299岁。

【名 木】

指在历史上或社会上有重大影响的中外历代名人、领袖人物所植或者具有极其重要的历史、文化价值、纪念意义的树木。名木不受年龄限制，不分级。

【古树后续资源】

树龄在80岁以上、100岁以下，或胸径80厘米以上的树木。

图注 *Caption*

1.从化飞鹅村的细叶榕古树就是很典型的社树，树下的社稷之神，至今香火不断。◎2.龙归南村的大叶榕古树，是村民最爱的休憩、歇脚点。◎3.六榕塔因古时有六株大榕树而得名。◎4.越秀公园百步梯沿路，古木棉花开似火。◎5.珠江口的下横档岛上这棵紧抱着坍塌兵营的古榕树，记录了一段屈辱岁月。◎6.广州古树的编号最早从千年南海神庙开始。

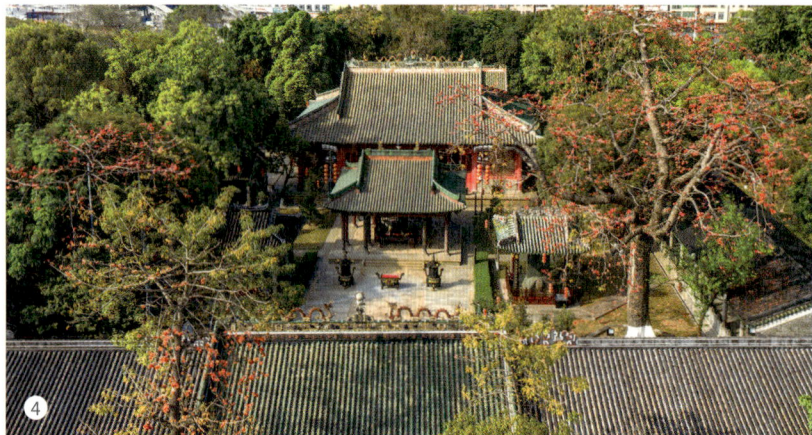

古城老树

穿城踏歌，
透过岁月的浓荫

图注 Caption

1.古榕环抱的花都藏书院村，至今保留烧禾楼风俗，图右为中秋夜准备烧的禾楼。◎2.花都茶塘村，反映水神信仰体系的洪圣庙前，榕荫蔽日。◎3.沙湾鳌山古庙群的神农古庙前的古樟。◎4.南海神庙中的两株老木棉树，花开时如映天火炬，呼应了南海祝融神的火神身份。◎5.怀圣寺门楼的凤眼果和龙眼树折射中国传统吉瑞之意。◎6.光孝寺的这株菩提古树，与六祖慧能极有渊源。◎7.南海神庙的千年盛事南海神诞（民间称之为波罗诞）。

　　2200多岁的古城广州，北面有五岭相接，围出一个干冷空气难以抵达的温暖之谷；南部与海洋相拥，催生一方暖湿气流长年涌动的生机之地。这个出色的接山连海的山水格局，又有北回归线横穿，一城跨越温带和热带；北境有10座千米山峰绵延环抱，全境有西江、北江、东江、流溪河、增江……百江千河交织成网。所以，它阳光明媚、雨水丰沛，是草木生长的天堂。

　　广州既是容纳四方异乡人的安乐家园，2200多年间，又是通达四海的海上丝绸之路的重要港口，这个南北融合、东西交汇的包容之城、交流之地，各种审美趣味、宗教信仰、风俗习惯早已融会升华、合而为一。

　　古城广州，成为万株古树名木的绿色家园。这些挺过岁月洗礼的老树，藏着古城的时光密码——各区的古树，黄埔区和增城区的古树数量最多，原因是从前两区是广州最重要的荔枝产区。以天河区、海珠区最少，因两区都历经大开发，人口稠密、楼宇接肩，且海珠多地在明代前后都仍在海水中，鲜有古树留存。

　　增城和从化的古树林群落，又以乌榄和格木为多。榄肉制成惹味的乌榄角，果仁就是五仁月饼、榄仁萨其马的灵魂成分，榄核还可以雕成精巧可爱的榄雕——全身都是宝的乌榄是广州颇为重要的经济作物，农人往往作为储备资产种在自家后山，一代长树、二代果稀、三代兴旺，是阿爷传仔，仔传仔，代代相传的宝树。

　　格木又被广州人叫作铁木，种它多是为了得到坚固耐磨的木料，著名的广作家具，也常拿格木当红木中的菠萝格用。格木群所在的村落，往往依水而建，方便木料的运输，像从化西湖村的格木群，就在流溪河边上；花都水口营村当年亦是码头所在，曾有清兵驻扎于此，村里的老格木群，则是为了自制良弓而种。

　　读懂了一城的古树，便触到了一城的年轮。

荔枝

细叶榕

樟树

大叶榕

广州古树数量最多的十大长寿树种

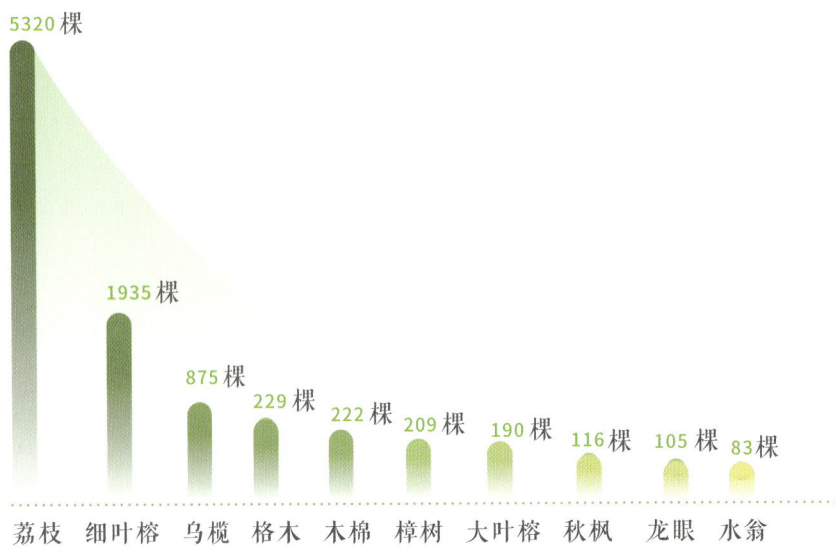

5320棵	1935棵	875棵	229棵	222棵	209棵	190棵	116棵	105棵	83棵
荔枝	细叶榕	乌榄	格木	木棉	樟树	大叶榕	秋枫	龙眼	水翁

乌榄

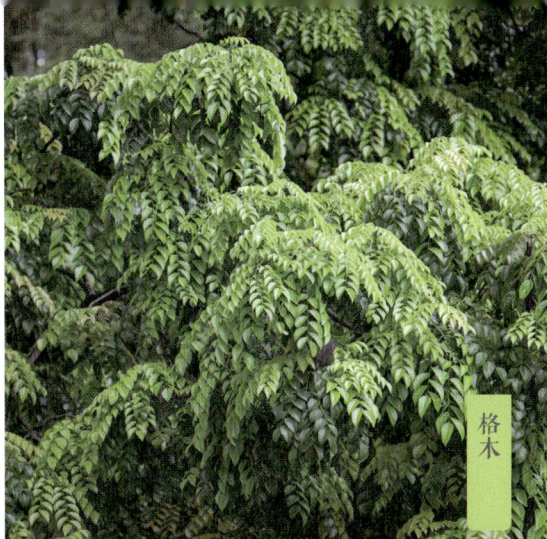
格木

木棉

龙眼

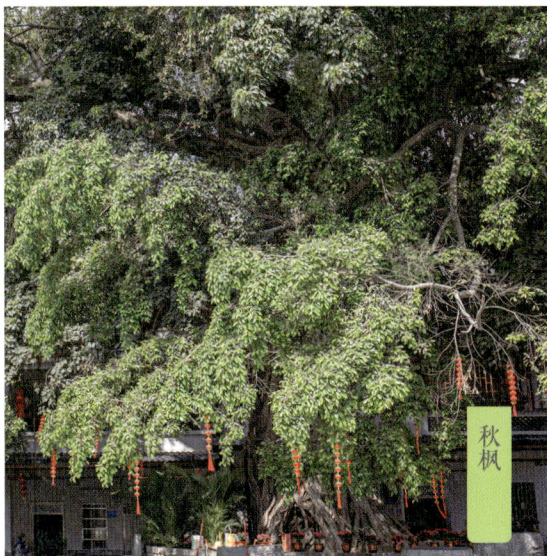
秋枫

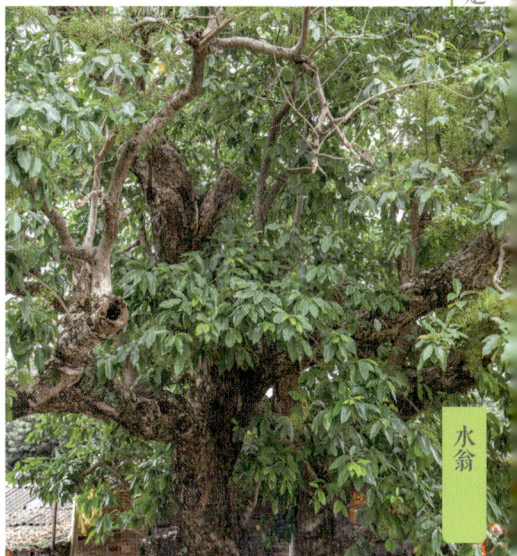
水翁

古树寿星
广州十大寿星树种

广州的寿星树种前10位中的荔枝、乌榄、龙眼、格木都是经济作物，广州人的生活底色，真的是既勤劳又务实。

另外，细叶榕、樟树、秋枫、大叶榕则与风俗风水相关——中原诸民，多在聚居处种有社树。社树的传承，是非常古老而浪漫的中国传统——所谓社，封土为社，立了社树，就是立了封界，越是丰美的社树，代表这片土地越是兴旺繁荣。社树旁边，每每奉有社稷之神，社为土，稷为谷，人们便在这处神灵庇佑的家园，开枝散叶，丰衣足食。

细叶榕是广州最常见的社树，樟树和秋枫也因寿长而被植在村头水口。饱吸一方灵气的社树，最终都长成了遮天蔽日的绿色华盖，生生世世地庇佑着这一方水土、一方生民。

在水边生长的水翁蒲桃常被叫作水翁、水榕，最能体现广州城水巷交错的水乡原色。而最懂本土风物的广州人，常会采撷水翁的花蕾，晒干后，当成医治感冒的家常凉茶。今天在广州的农家乐吃饭，店家的迎客茶，往往是就地取材的龙眼叶、水翁花，广州人果然是掌握了与大自然对话的密钥。

木棉则更像广州人的精神追求。广州人种木棉的历史已逾2000年，初时种它，是因为其白絮能织布，宋之后棉花普及，广州人仍在不停地种木棉，文人咏它颂它，乡人吃它爱它，花城的每个春天，都燃着木棉的漫天艳火，这片热土上的梦想和抱负，都似木棉生机勃发。

❝后山都是百岁以上的糯米糍老树，果味格外甜美。

❝建于宋代，培养出丞相、太师崔与之的玉岩书院。

❝比玉岩书院还老、逾千岁的宋代荔枝树。

📍黄埔萝岗

广州各区古树数量示意图

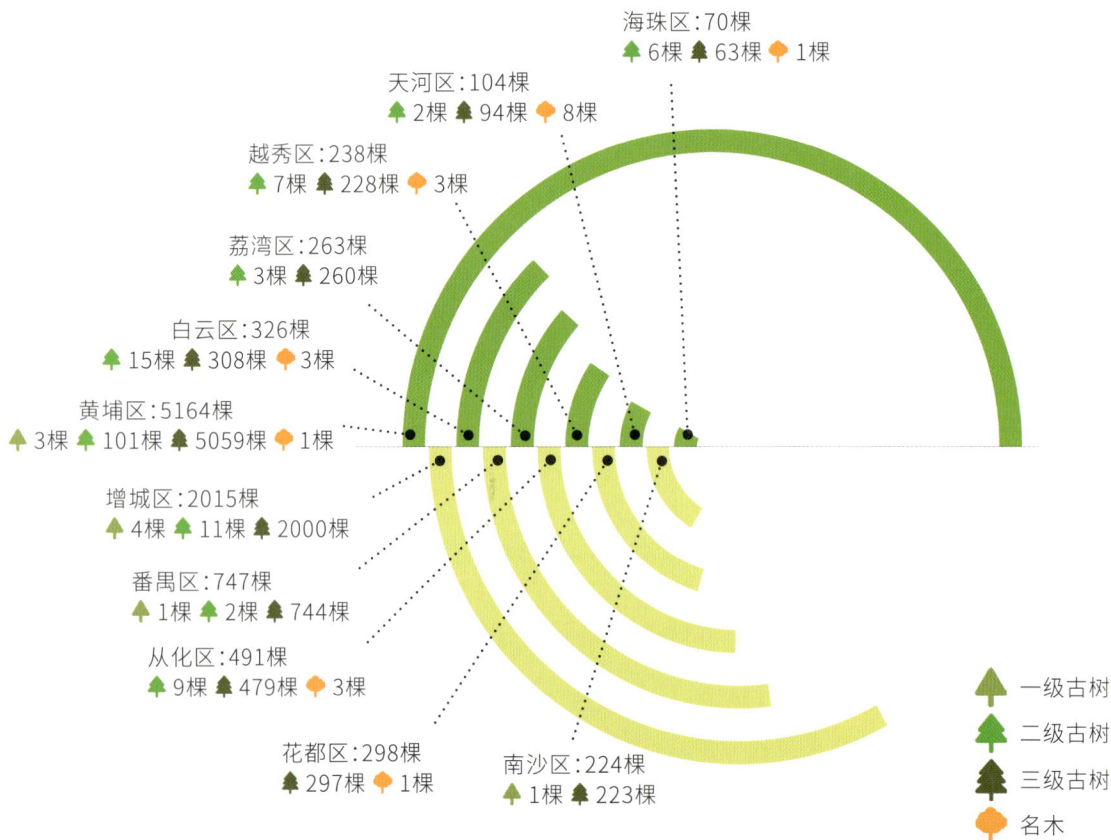

海珠区：70棵
🌲6棵 🌳63棵 🟠1棵

天河区：104棵
🌲2棵 🌳94棵 🟠8棵

越秀区：238棵
🌲7棵 🌳228棵 🟠3棵

荔湾区：263棵
🌲3棵 🌳260棵

白云区：326棵
🌲15棵 🌳308棵 🟠3棵

黄埔区：5164棵
🌲3棵 🌳101棵 🌲5059棵 🟠1棵

增城区：2015棵
🌲4棵 🌳11棵 🌲2000棵

番禺区：747棵
🌲1棵 🌳2棵 🌲744棵

从化区：491棵
🌲9棵 🌳479棵 🟠3棵

花都区：298棵
🌲297棵 🟠1棵

南沙区：224棵
🌲1棵 🌳223棵

🌲 一级古树
🌲 二级古树
🌲 三级古树
🟠 名木

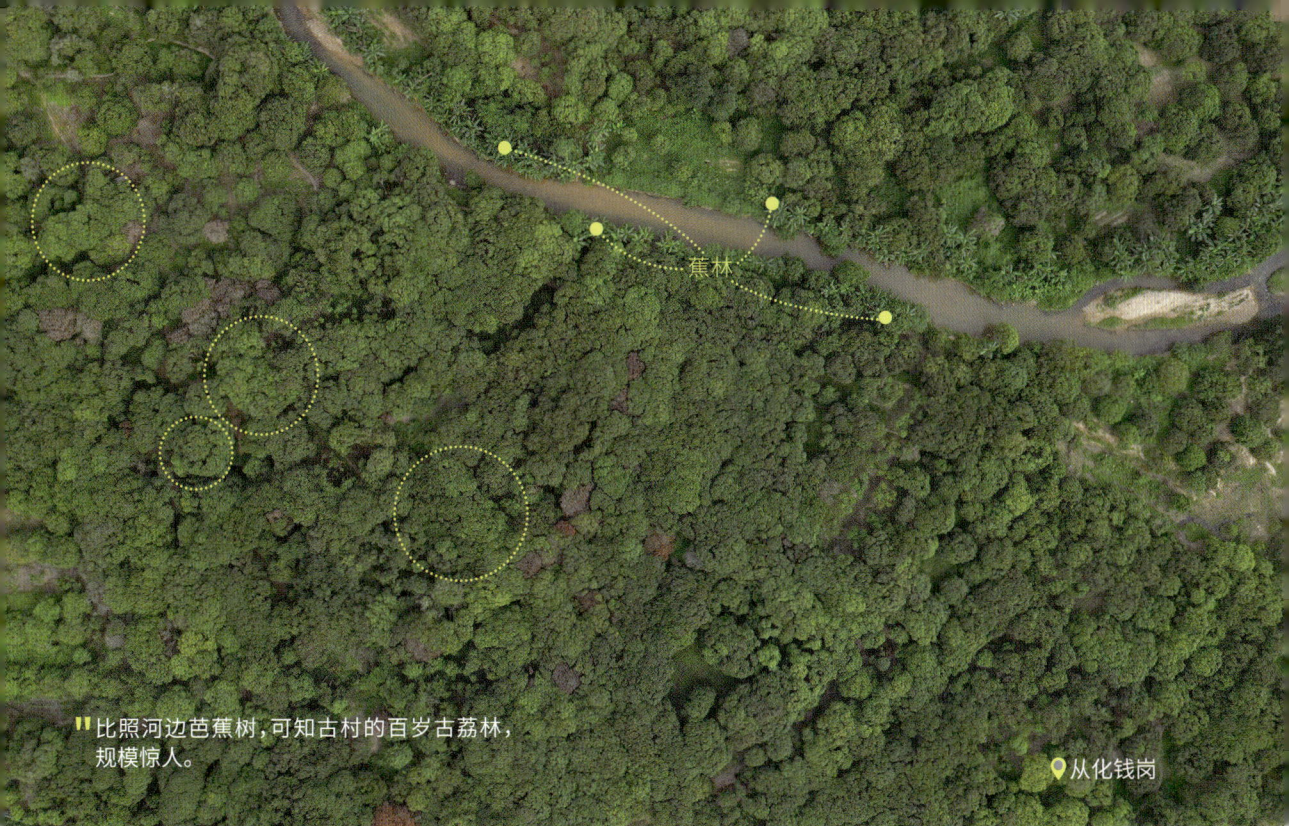

> 比照河边芭蕉树，可知古村的百岁古荔林，规模惊人。

📍从化钱岗

各区的绿色寿星分布

广州市辖11区，古树数量以黄埔区独占数量之半，在册的5164棵古树中，绝大部分是荔枝，当年黄埔区的萝岗、火村、笔村……所产的荔枝佳果曾屡获殊荣，亦可佐证当年荔枝种植规模之大。

位居第二的增城区，则在树种上更为丰富多元，这个人口稠密的农业强区，古树则以作为乡居风水树的细叶榕、秋枫、朴树、木棉居多，实用的作物也广被种植——百岁的乌榄树、荔枝树都是上百棵起计。

排第三的番禺区，胜在依江傍河，贸易发达、村落密集，所以，除了广州常见的经济作物荔枝、乌榄外，作为社树、风水树的细叶榕、木棉、樟树也多，再加上富商名士退隐乡梓后每每构筑精舍美园，园中按江南名园的审美趣味种蜡梅、罗汉松和本地的花果——宫粉紫荆

和阳桃，甚至是舶来的炮仗花等等，所以，南北东西的融汇，也能让植物的种类更多元多彩。

辖区面积最大的从化，地广人稀，村落分布不及增城、番禺、黄埔密集，社树——榕树、秋枫的总数量就不及这三区。但全区山地接连，郊野山间常长有野生的壳斗科中的各种锥树，在山坡林缘生长良好的果树枳椇、南酸枣却比别的区多，作为木材储备的格木古树，数量也很可观。

古城广州，2200多年来的核心所在——越秀区，虽经岁月更迭，肌理早有更替，在各古刹里倒也留下了不少婆娑古树。

这些散落在各区的绿色寿星，何尝不是一部无声的城市传奇？草蛇灰线，伏延千年，这一木一林留下的线索，越品越有味。

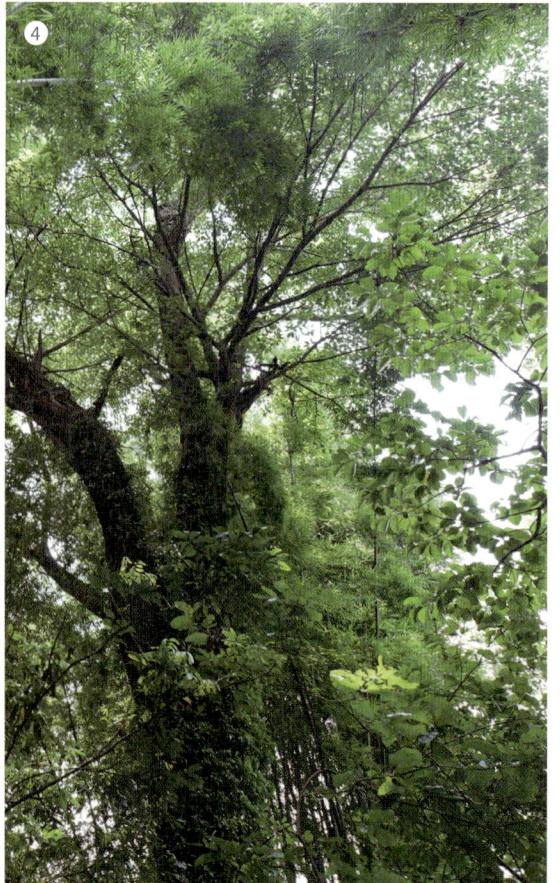

解码广州古树寿星公的长寿基因

观察广州各区的寿星古树数量排行靠前的树种——荔枝树、细叶榕、木棉、乌榄、格木、樟树、龙眼、大叶榕、秋枫、水翁、朴树、人面子、阳桃、山牡荆、海红豆、五月茶、木荷、苹婆、铁冬青、华南皂荚、马尾松等等，我们可以发现：

第一，它们大都是广州的乡土树种，经漫漫岁月历练，适应了这方水土，形成自己的长寿机制，代表如华南皂荚、大叶榕、龙眼等等；

第二，虽然木材不堪用，却因寄托某种美好的情感，能自我播种，繁殖能力强大，故也能在广州广为分布，像细叶榕、木棉、大叶榕、阳桃；

第三，虽木材可用，但它们作为自然村中的风水林，世代口授不可滥伐，从而得以颐养天年，如樟树、格木、马尾松、木荷、山牡荆；

第四，则是乡人从食用果实、日用所需的实用角度出发栽种，作为基因长寿又性状稳定的树种，乡人便不再擅伐，渐成了得天地灵气的"祖宗树"，如荔枝树、乌榄、龙眼、人面子、华南皂荚；

第五，虽有其实用价值，但多因树形优美或花果悦人而在村前屋后栽种，与村落、屋宇自成图画，成为几代人的美好日常，如五月茶、铁冬青、海红豆、秋枫、朴树、苹婆。

这些基因优秀的古树，它们的长寿机制——或可以原地不停地向外延展，每生长一轮，就获得新的生长机遇，像榕之所以长寿，多数是多代替代的结果。或遇不良的生长条件，分生组织可以暂停生长，条件变好时，重新萌发新芽新枝。所以常有枯树发新枝的案例，如著名的增城挂绿荔枝的母树。

2200多年来，人类活动活跃的广州，这些拥有长寿基因的树种是否能安享天寿，人的保护意识尤为重要。

在乡间，古树的来源多是世代相传的风水林，有的风水林，今天仍看得出前人种树时，有意规划成多树种的混交林、异龄林的树林结构，这样的规划，有助于生态结构稳定，减少病虫害的发生，像增城的龙山古村公园、从化良口的高沙村，都是多树种共生的群落。

或者树种虽然相对单一，但本身是长寿的乡土树种，生长环境远离交通要道——广州的乡居往往向南而成聚落，前为江河、风水塘，后靠山，村居南侧的山坡上，多为先人规划栽种的风水林。栽种风水林的靠山，多半避风向阳、利于疏水，加上本身广州的大环境就温润宜人，只要不乱砍滥伐，风水树往往能轻松过百岁，风水林中常见的重要经济作物荔枝树、龙眼、乌榄便是如此。

这些广州绿色的宝藏，从身世故事到各种顺应天意与人愿的巧合，都有说不完的故事。

你准备好听听它们的故事了吗？

1.增城新围村人称"人面子王"的古树。◎2.黄花岗公园里300多岁的华南皂荚。◎3.从化三百洞村后山的百岁乌榄林。◎4.从化高沙村200多岁的海红豆。

第一章

三种古树，一种广味

荔枝、榕树、木棉，最能为广州代言：荔枝体现了广州人的务实本色；

榕树代表了广州人接地气的人情味；

木棉则是广州人敢为天下先的写照。

千年树说

三种古树，一种广味

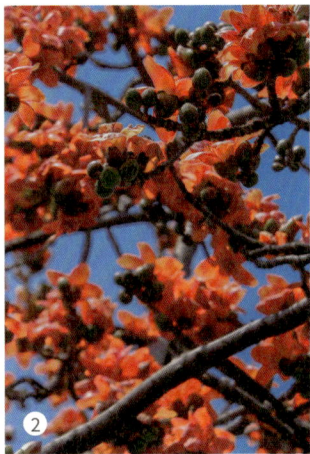

▶ 图注 Caption

1.古榕树下常是村中最重要的社交场地。
2.木棉花开似火。

荔枝、榕树、木棉这三种古树，对广州人而言，再重要不过——榕树是个大家族，榕属的许多种树，在广州人心中，往往以"榕树"之名并列存在。

很多时候，榕树作为社树立于村口，榕树最宜在岭南乡土扎根，最接岭南地气，大榕树之下，村民多奉社稷之神，凡榕树兴荣之处，必能五谷丰登，五谷丰则国泰民安。

自明代开始，广州的荔枝品质后来居上，佳品频出，渐成产业，所以万株古树，荔枝树占了半数。相关的人与事，后文继续展开，当中的起承转合，真的很广州。

木棉能成为不二的市花之选，是因为它争春竞放、红红火火，也因为它身姿挺拔，不居人下，平和务实的广州人，心底，有勇。

木棉村荔枝皇古树，对比四周的古荔树，个头仍是一哥，甚至比山上的亭台都大。

广州长寿第一树，
荔枝，代表广州的务实底色

广州古树中的寿星大户，首位便是荔枝。

"味特甘滋，百果之中，无一可比。"唐朝名相、粤人张九龄夸上天的荔枝，是老天爷独赐给中国的绝世美味。自汉初就成为贡品的岭南荔枝，被不忍扰民的汉和帝叫停后，在唐代因杨贵妃而重新成为"一骑红尘妃子笑"的贡品。

到宋朝时，文名斐然的福建人蔡襄专门为家乡荔枝撰写《荔枝谱》，书中所举荔枝名种琳琅满目，种法、制法也相当讲究，一时天下荔枝，以福建为美，苏东坡在广东"日啖荔枝三百颗"时，《荔枝谱》已发表40年，多事者取笑苏翁：到底是没吃到过福建的好荔枝，广东只有山枝，小而肉薄，有什么吃头？

黄埔玉岩书院旁的千年荔枝树，村民说正是本地产的山枝，在广州历史悠久的荔枝种植区，必留有数株山枝，果农想育新种，每每还拿山枝作为母本，再求千变万化。

山枝，是万变的不变根基。

黄埔向来是广州有名的荔枝产区，笔岗糯米糍、火村糯米糍、萝岗桂味，都名声在外，所以在广州，成片的古荔枝林，仍以黄埔区数量最多。

增城荔枝品质的突飞猛进，世人相传是"湛尚书"之功，与王阳明齐名的明代大儒、官至三部尚书

的增城人湛若水，从福建引入荔枝优种，路程迢迢，湛尚书将荔枝核纳入怀中带回家乡，这个品种被世人叫作怀枝，又常被记成"槐枝"。自此，广州荔枝，多以长势茁壮、对砧木适应性强而寿长的怀枝为母本，从化木棉村的荔枝皇古树，便是怀枝。

自清代就以期货方式发售、400多岁的挂绿荔枝以天价成名后，这金贵佳果，有幸品尝者非富即贵，自此广州的荔枝后来居上，从产量到品质，都赶超其他地区，成功跻身荔枝顶流。

老一辈散文家杨朔抵达"中南海冬都"——从化采风时，广州沿路早已荔枝满山，荔枝蜜、鲜果、荔枝干……荔枝产业蓬勃发展。

今天，外国引种的荔枝，品质和产量都难以望我国荔枝项背，全球荔枝以中国为尊，中国荔枝又以广东为大。广州的许多村落，都有获过大奖的荔枝品种，钱岗村的老人仍记得多年前村中优质糯米糍，每每在香港卖出天价，更贵为代表一国情谊的时令佳果，由国家领导人送给外国贵宾分甘同味。

受众广泛、身价高贵，广州的土质、气候又格外适合荔枝树长命百岁乃至千岁，荔枝树成为广州古树中，数量庞大的寿星树种，合情合理。

图注 Caption

1.在钱岗古村的春园，几十株百岁老荔枝树至今年年丰收。
◎2.木棉古村的古荔林，荔枝皇古树年年荔果累累。

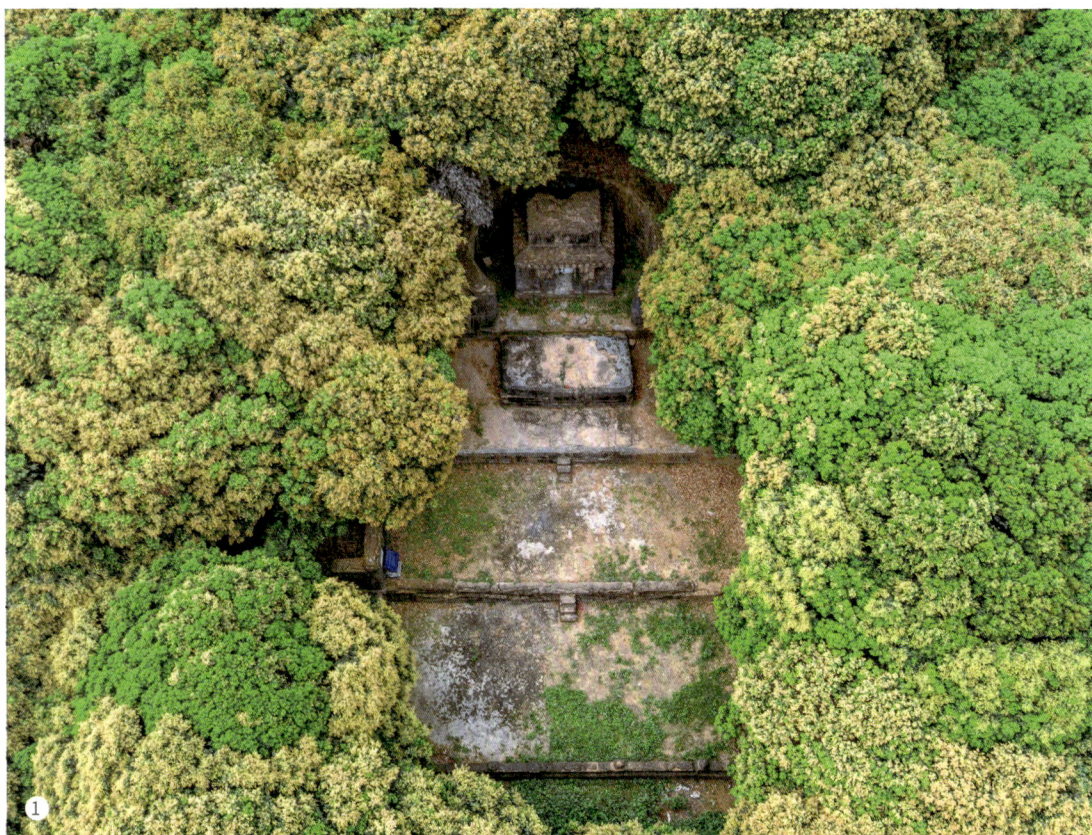

广州的荔枝树，
因一代名儒终成传奇

增城荔城桥头村，穿过尽是参天百年老树的小山岗，一株272岁的北园绿荔枝树巍峨矗立。北园绿又名"北园挂绿""桥头挂绿"，被认证是西园挂绿的后代。2022年，一批北园挂绿在北京知名商场上架，以1049元一斤的售价冲上热搜，成为当年炙手可热的爆款荔枝。当然，这个零售价，显然无法与它的老祖宗、清代就名扬天下的西园挂绿荔枝、一枚拍出55.5万元的金贵身份相提并论。

北园挂绿果实果身浑圆，肉质爽脆、清甜馨香，纵然与前辈"西园挂绿"在价格上差距仍远，但在口感上，不负明末清初名儒屈大均在《广东新语》中盛赞："爽脆如梨，浆液不见"的挂绿之美名。

在增城某处，重重古荔林中，长眠着一位在历史上有着深远影响力的学者——湛若水。湛若水，号甘泉，明代著名思想家、政治家、教育家，早年曾拜明朝从祀孔庙的四人之一、心学的奠基者、后世尊为"圣道南宗""岭南一人"的陈献章（世称陈白沙）为师，认真钻研心性之学，成为陈献章之后岭南学派的一代宗主。

明代中期，以广东为代表的岭南学派在国内大放异彩，名震中原，与心学大师王阳明的"阳明学派"并肩成为明代国学的主流思想，共执明正嘉年间的理学界之牛耳。湛若水与王阳明相交甚笃，约定一起将儒学真传发扬光大，时人并称为"王湛之学"。

明正德十年（1515），湛若水回乡丁忧后，在增城创办明诚书院，王阳明为其捧场。湛若水在京履职南京国子监祭酒时，王阳明在增城访湛若水故居，饱含深情题写了《书泉翁壁》和《题甘泉故居》，两人的友情在增城留下动人篇章。

湛若水自40岁步入仕途，至75岁告老还乡，曾历任南京礼部、吏部、兵部三部尚书，官至正二品，虽生活向来清廉，但在开馆讲学方面却从不吝啬，先后捐资修建书院40多所，理学书院得以大力发展。

湛若水一生以兴学养贤为己任，教学数十年，弟子遍布全国，因而培育了一大批文化精英，为岭南文化的发展做出了重大贡献。

相传广州地区广为种植的荔枝品种"怀枝（尚书怀）"，便是由湛若水从福建枫亭将荔核揣入怀中，带回广州开枝散叶的。《广东新语》说道："湛文简公昔从枫亭怀核而归"，并有诗云："六月增城百品佳，居人只贩尚书怀"，可知明末清初，广州荔枝已渐入佳境。

如今，连绵的荔枝林层层拥抱着长眠400余年的湛若水墓，风吹荔林，是在述说着这位明朝大儒从政、治学的辉煌一生，亦礼赞着一代南宗孜孜著书育人，让德智教育如甘泉浸润着一代又一代后人的心灵。

图注 Caption

1.相传由湛若水将怀枝带回增城，湛尚书的墓园，古荔参天。◎2.清代开始就已是天价的挂绿荔枝。◎3.增城北园绿荔枝的母树，村民坚称已逾400岁。◎4.笔村的古怀枝。◎5.增城挂绿第二代，是荔枝中的富二代。◎6.山枝老树挂果。◎7.200多岁的北园绿古树年年佳果丰收。

榕树，代表广州的容人气度

    在广州，榕树是最为普遍的社树，广州人对榕树的选择，原因错综复杂：第一，被誉为广东"徐霞客"、对广州风物极为了解的岭南三大家之首的屈大均说："榕易高大，广人多植作风水，墟落间榕树多者，地必兴。"听起来像风水玄学的神怪之说，实则自有道理——榕树爱肥沃的酸性土壤，喜湿润爱温暖，这恰是水稻与许多果瓜喜爱的生境。在农耕时代，五谷丰登、瓜果满园，自然是六畜兴旺、丰衣足食、永无饥馁的田园牧歌底色。

    第二，榕树在湿度大时，每每从半空生根，一棵树渐成一片林，"独木成林""母子代代同根"，正合家族兴旺、开枝散叶的意思，也契合同村同族永结同心、携手共进的美好愿景，所以，枝繁叶茂的榕树，本身就是饱含祝愿的绿色图腾。族人要新觅村落发展，也往往带家乡老树生出的幼苗一并迁徙，以寓同根同枝，血脉永续。

    第三，榕树又是个大家族，从细叶榕、大叶榕到菩提榕等，都能生出婆娑树荫。被广泛当作社树的细叶榕，每每被栽种于村口，在长年日照强烈的广州，就是行人歇脚、纳凉的一把榕荫绿伞，这把绿伞抚平过多少不平意、安慰过多少离别愁。

    燠热南国，地方官下令种植花不堪看、果不堪食的榕树，往往被认为是"种

图注 Caption

1.大岭古村里的龙津古桥。◎2.龙潭古村，榕荫蔽日。◎3.东山湖公园，榕荫满地。◎4.滨江路上的大榕树。◎5.南沙东涌的老榕渡头。◎6.芳村冲口，老榕簇拥毓灵古桥。

德"之举，只福州一地，在宋代就有善于开渠筑堰垦田、实干施政的名臣程师孟，大文人蔡襄等官员，都命人满城种榕树，以抗旱救灾、暑不张盖，至今福州被称作"榕城"。

明代时，非科班出身，以办事勤敏周密而最后官至刑部右侍郎的叶春，在惠州任职时，见行人顶烈日苦行，心生怜惜，命人在不影响农田的情况下，夹道多种榕树，叶春调职时，百姓列队苦留。

元朝官员仓振在新兴，明代广东布政使吴廷举在南雄……历代官员在广东各地倡导多种榕树的，都被屈大均归为"此皆仁人之泽"。

广州人对榕树的情结，最飘忽的线索，应是佛教的一支——唐密宗在广州的流传。密宗二祖不空三藏法师两过广东，至今在广州的光孝寺和潮州的开元寺都留有唐代密宗经幢实物，密宗常以榕树为护摩木，修行消灾增益的护摩法时，以富含香脂的榕树枝干作为火供原料。

不空三藏法师是唐代享受皇家礼遇的宗师，信众良多。原本就适合在广州生长的榕树，便因树能织浓荫，能兆福地，果能肥鱼、脂能燃香……种种原因叠加与交织，早已深得老广的喜爱，终是一处一处地填满了广州的乡野与城邦。

榕树小王国

——爱的供养，细水长流

桑科榕属旗下的1000多种树中,榕属的代表树种、四季常青、长髯飘飘的榕树,常被叫作细叶榕、小叶榕,榕属家族的另一位重要成员黄葛树,常被叫作大叶榕,细叶榕和大叶榕分别是广州古树数量排名第2和第7的树种。

细叶榕是广州最常见的长寿树种,在人口稠密的城区,数量上甚至超过排名第一的荔枝树。但爱榕的老广,往往把细叶榕、大叶榕、斜叶榕、垂叶榕、高山榕……统统叫作榕树。

大多数榕树喜光却又耐阴,生长快却又寿命长,树冠亭亭如华盖,一棵榕树就是一个欣欣向荣的绿色小王国。

这个小王国,游遍大江南北的大学者屈大均这样总结:"浓荫能庇风雨,芳香能引鹭鸟,果实能肥壮河鱼……"实际上,味道寡淡但胜在数量惊人的小榕果,还供养着贪嘴的红耳鹎、白头鹎、绣眼鸟等小可爱,而榕树与榕小蜂更有着数千万年的彼此照应、相互成全的共生关系……

一棵棵枝繁叶茂的榕树,还能依靠水分的蒸腾作用,在年平均气温高达24℃的广州城,布下一个个清风习习的凉岛、绿岛。索取甚少而回报良多的榕,实在是胸怀宽广的爱的劳模。

榕树与名人：六祖慧能

在千年古刹光孝寺，曾有一株伟岸的菩提榕，原是1000多年前高僧从克什米尔地区带入广州，唐时六祖慧能在树下剃度，也是在光孝寺，慧能悟出了"风动幡动心动"的著名偈言。

榕树与名人：苏东坡

初建于南朝梁武帝时期，宋代重建的六榕寺，大文豪苏东坡到访见到寺内有六棵巨榕，题下"六榕"二字，自此，寺以六榕为名。

榕树，大自然的空气清新剂

一棵榕树一年产生的氧气，约等于一个成年人一年需要的氧气量。

广州最老的榕树在哪，多少岁？

地点：南沙区黄阁镇东里村
年龄：715岁

一棵榕的树冠可以长多大？

地点：从化区街口从化中学高中部
有一株平均冠幅达到39米的古榕树，胸围足有820厘米，巨大的古榕树绿伞，树荫覆盖逾千平方米。

大面积的古榕林哪里可见？

地点：白云区松洲街道槎龙小学等地
广州有很多古榕树，如槎龙小学里的榕林由9株过百岁的古榕组成，交织出了无尽的绿荫。

大叶榕

细叶榕

垂叶榕

菩提榕

心叶榕

扇叶榕

枕果榕

高山榕

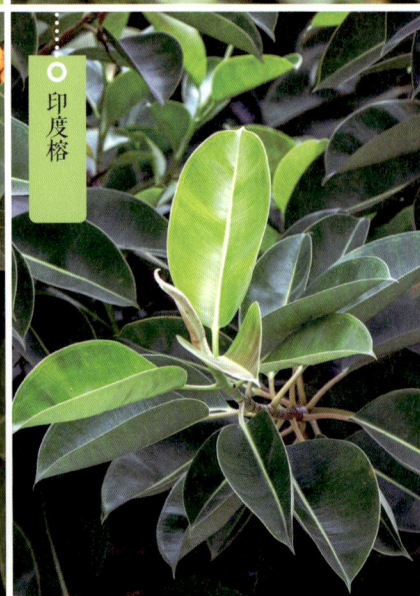

印度榕

榕的大家族，
个个很有故事

已知的榕属植物有1000多种，在我国生长的就有100多种，其中，大叶榕、细叶榕、高山榕三种长寿且易成活的榕，是广州园林造景、行道树挑大梁的C位树；其他长寿的榕树，菩提榕在古寺中最多，跟细叶榕长得很像的雅榕则散落在乡间。

榕树并无艳美花朵，之所以能得广州人的深爱，只因很大程度上榕树是广州乡民乡土信仰的一个重要符号——细叶榕、雅榕常被乡人种在水口、路口或者广场上，作为村中的社树、神树，树下多奉社稷之神，乡人亦常向神树供奉香火，将满载美好心愿的绸带掷向神树，以求神树庇佑万事如意。

大叶榕则以入春时满城尽落黄金甲、堪比春花灿烂的落叶盛况，成为广州城冬去春来的一大标志景观。落叶总是伴着春雨而至，纷纷扬扬、金黄满地，不出半个月，便枝头新叶勃发、满树青葱，一派欣欣向荣的新气象。

榕树在园林造景中，既能以绿叶浓密如华盖，气根下垂如丝丝婆娑，主根、板根苍劲有力，支柱根盘织成林……种种极富岭南趣味的画面感独成景观，得一方阴凉，容人栖身荫下下棋、打拳、嬉戏；又能整齐列植，形成清风徐徐、暑气全消的林荫大道；还能高山榕加上细叶榕，自成绿岛，引百鹭筑巢、万鸟为家。

不同种的榕，又能以多姿的线条、多变的叶色，形成律动的景观，大叶榕的黄绿交替、高山榕红色的嫩叶、黄金榕的金黄色新叶、印度榕硕大的革质叶片、大叶榕柔软的纸质叶子、菩提榕和心叶榕的心形叶子……都是榕密织的青碧色里，无穷的小变化。

榕的花朵虽不显眼，但果熟期却很长，鸟类、昆虫爱食，只要有榕树在，四时鸟啼不断。

榕的根系能穿城破石，百年城池，总有榕附墙而生，越箍越紧，变成穿越时光的情景剧。

功能性上，细叶榕和高山榕，在抗TSP（总悬浮颗粒物）和PM2.5（空气动力学直径小于或等于2.5μm颗粒物的质量浓度）上表现优秀，削减热岛效应的实测结果同样非常出色，在工业化高度发展、人口早已超过1000万的超级大城市广州，榕的生态作用无可替代。

观之有韵、憩之有荫、读之有情的榕，怎能不让人爱之慕之。

1-2.满城金黄到满城青葱，大叶榕只用了10天就做到了。◎3.榕的根系非常发达。◎4.榕树的气根在合适的条件会变成支柱根，让母树得到强有力的支撑，在合适的条件下，支柱根也会开枝散叶，最终形成独木成林的奇观。

有情有勇的木棉，
是广州人的精神本底

广州目前普查到的木棉树，最老的是增城石滩镇上塘村古渡边369岁的老木棉，它破土时，广州才纳入清王朝版图没几年。

南宋就开基立村的上塘村，以种稻为生，稻谷收下后，就靠村口这条水道，贩至外乡，渡口老榕虬枝浓荫，木棉红花似火，便是水乡广州最常见的风情画。

相比常能在死去枝干重新萌发新芽、根系发达的榕树，木棉的长寿原本难得多，而且木质疏松的木棉，却喜欢长得比周边的树木更为挺拔。常有台风、雷暴的广州，木棉是天生的引雷树——南海神庙两棵264岁木棉中的一棵，就遭过雷击，被削掉了一大截，然而广州人依旧爱种木棉，乐此不疲。

岭南种木棉，有记录的历史就逾2000年，文献所述，南越王赵佗向汉文帝进贡过荔枝和木棉，汉武帝时，海南岛则进贡过黎胞用木棉絮织染的广幅布。宋元后，棉花被国人广泛运用，木棉仍以其气宇轩昂的树形和明艳如火的花朵，成为广州人心中的百花之冠，20世纪30年代和80年代两选市花，木棉皆以压倒性票数稳坐榜首。

广州人为何这么喜欢木棉花？

其一，木棉对南粤大地上的许多生灵而言，是美好无私的馈赠：从冬入春，一树硕大的木棉花绽放

枝头，便是一树树天然的蜜罐和水罐，它的花形对小生灵都很友好，大如红嘴蓝鹊、大拟啄木鸟，小如绣眼鸟、太阳鸟，本地食客——鹊鸲、乌鸫，又或者过冬访客北红尾鸲、喜鹊……统统来者不拒。

花期一过，木棉花在一段优美的旋舞之后落在地上，公公婆婆拾回家晒干，加上绵茵陈、赤小豆、通草等煲汤祛湿。

清乾、嘉时期被尊为太傅的大学者阮元，出任两广总督期间在越秀山开设学海堂书院，附近长有一片古木棉，学海堂的学长林伯桐在《学海堂志》中写道："花开则远近来视，花落则老稚拾取""浓须大面好英雄，壮气高冠何落落"的英雄树，却有俯身向众生的柔肠；做学问之人，眼中却能见众生，广州的读书人，性格也很"木棉"。

再则，明末清初，广州一度是政权剧烈拉锯、外敌入侵频仍的地带，一树树气宇轩昂、红花如炬的木棉也成为爱国文人托物言志的第一主角，对木棉的喜爱根植于老广心中。

另外，木棉也常被视作南海神祝融的象征，作为隋代开始一直为皇家祭海之地的南海神庙，祀奉的南海神祝融，是海神也是火神，木棉确是百花中最恰当的祝融化身。明末清初名儒屈大均多次提到南海神庙的木棉花，有诗云："高高交

图注 Caption

1.每年3月，越秀山木棉似火。
◎2.中山纪念堂旁的木棉王，已有300多岁，年年花开似火。

图注 Caption

映波罗东，雨露曾分扶荔宫。扶持赤帝南溟上，吐纳丹心大火中。"波罗就是南海神庙，扶荔宫指的是赵佗向汉文帝敬奉荔枝和木棉的往事，赤帝就是祝融。

另一岭南大家陈恭尹在《木棉花歌》中写道："祝融炎帝司南土，此花无乃群芳主"，直接把木棉拔高到南国的群芳之主。既是尊贵南海神的象征，又是英雄之代名词，加上花朵又好看又实用，入春时满树红火，让人精神提振，有爱有敬有颜又可亲，广州各地广种木棉实在是再自然不过。

中山纪念堂的东北角有一棵353岁的古木棉，紧偎着为纪念伟大先行者、民族英雄孙中山先生而建的中山纪念堂，恍若时光在冥冥中早有的因缘巧合。

这棵老木棉，见证过鸦片战争、抗日战争的种种屈辱，亲历中山纪念堂这栋伟大的建筑从无到有，它还与广州人一起迎来了广州的解放，陪着广州一路成长，它早已是广州人的精神图腾，是老广心中的"木棉王"，毫无悬念地将它推选为"中国最美木棉"。

除了"木棉王"和南海神庙的古木棉，越秀公园从中山纪念碑到百步梯沿路都是茁壮的老木棉树。海珠桥两侧的木棉映衬着壮阔的珠江和90岁的海珠桥，还有木棉花树掩映下的广州解放纪念像，都是很有广州味的经典木棉胜景。

老广爱木棉，甚至以木棉直呼村名——宋元开村的木棉古村，就是以村中植有大量古木棉而得名。老广爱木棉，明知木棉遮阴效果不尽如人意，仍广种木棉，它是老广心中永不衰减的一团火。

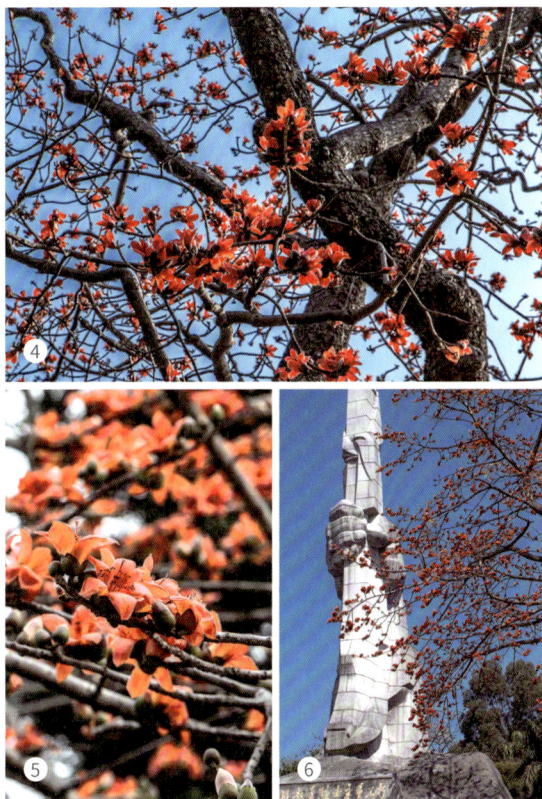

图注 Caption

1.南海神庙的古木棉 在明清时期就名动一方。◎2.海珠桥上的标志性木棉。◎3.木棉村以木棉为名。◎4-5.木棉还有红、黄、橙等多种花色。◎6.烈士陵园的木棉也很出名。

第二章 古树的顶流明星

建城 2200 多年的广州，文物、遗址虽多，沧海桑田间，明代以前的建筑多已难觅其踪，

唯唐代的藤、宋代的树，却在这片热土上历经千年而生机勃发。

走！现在出发，去聆听历史的故事、岁月的足音。

树说千年

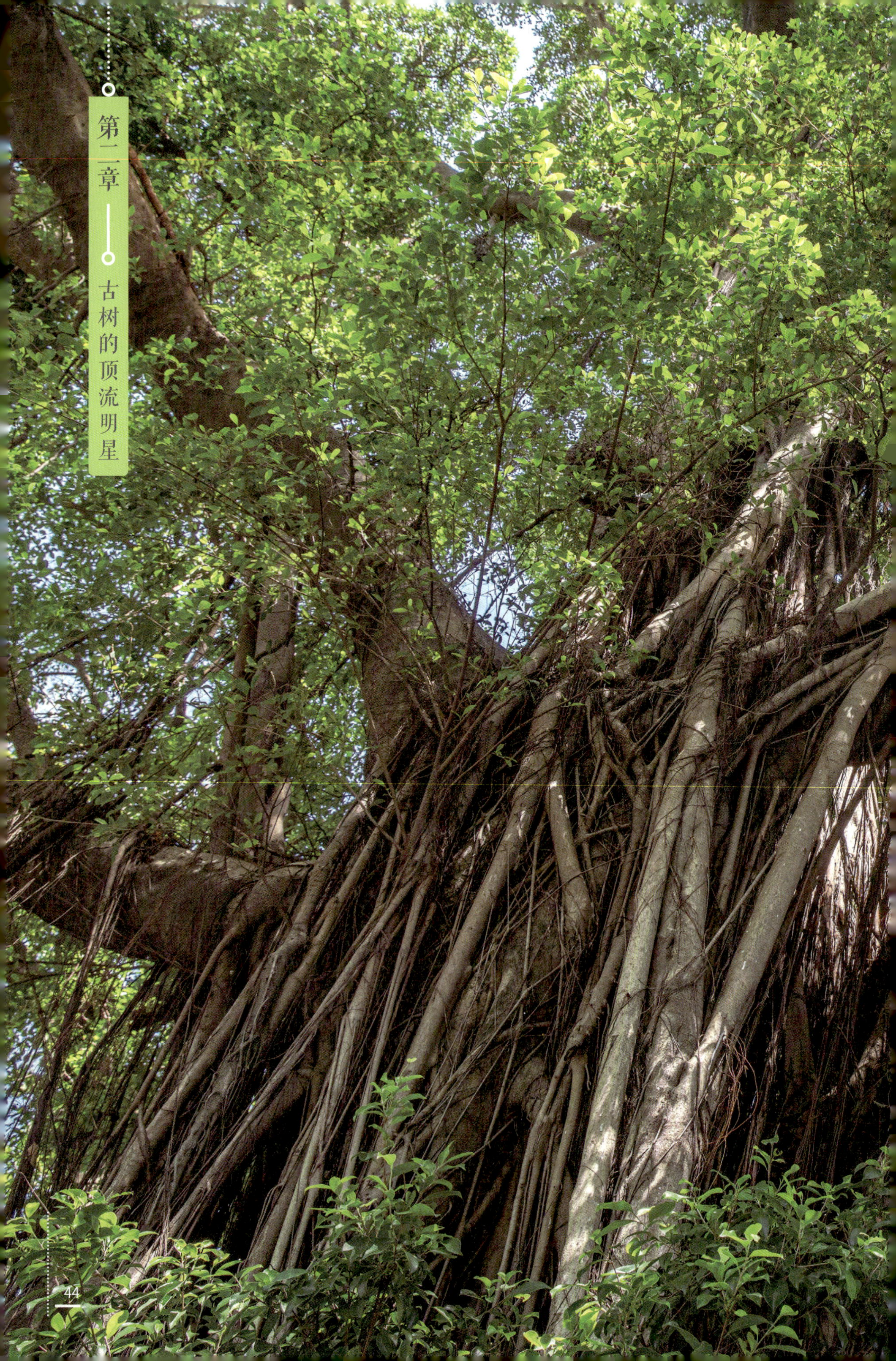

1

古树的顶流明星

CHAPTER II : THE TOP STREAM STAR OF THE ANCIENT TREES

▶▶ 图注 Caption

1. 榕的生命力强大,对生存环境的要求,其实不高。◎2.除了路口的社树,榕树还在村落里形成社交空间。

何仙姑成仙前,增城1313岁的白花鱼藤已开枝散叶,历时千年已长成数百平方米的绿色长龙;南宋政权仍在广州苦撑抗击元朝铁骑时,南沙715岁的榕树,已经在村前门楼上牢牢扎根;1000岁的神仙你没见过,但承载1000年的时光年轮的古树,你不妨停下来聆听它们的岁月之歌。

增城
仙藤园

1313岁
白花鱼藤

▶ 图注 Caption

1. 不起眼的小白花盛花时却能成雪。
2. 盘根错节的千年藤。
3. 一千年,一根藤长成一片林。

每年6月,广州增城"千年仙藤"开花的消息都会被各大媒体轮番播发,连央视媒体都不曾缺席。

这株国家一级古树的生长地在车流滚滚的省道路边。枝叶繁密的仙藤,藤茎匍匐攀缘似祥龙欢腾,延伸跨度达30多米,覆盖面积达400多平方米,比标准篮球场的面积还要大。

仙藤交织而出的长廊,围绕仙藤兜了一圈,每个转弯看见的都是仙藤不同的姿态,花开时彩蝶翻飞。仙藤的一侧有枝条攀着旁边的大榕树,向上缠绕,像是巨龙举首,难怪当地人也称此藤为"盘龙古藤"。

仙藤园位置距离何仙姑家庙400米左右,属何仙姑旅游景区范围。相传著名的挂绿荔枝果壳上的绿线,就是何仙姑成仙时的绿丝带所化,而仙藤则为何仙姑的五彩祥云丝带所化。

每年花季,无数的花簇从藤条萌发,白色蝶形花冠串串相连,似白纱笼在整片仙藤之上。

鱼藤之名源于它的汁液对鱼类有毒,却对人类无毒,人们用它来清理水塘杂鱼,或是在溪涧中捕鱼。

这千年前留下的瑰宝,是增城人极为珍视的绿色宝藏。

黄埔
玉岩书院

1022岁
最老荔枝树

► **图注 Caption**

1. 千年古荔,每年仍会挂果,果虽小,但很清甜。
2. 千年书院四周长满了古树。

萝峰是萝岗群峦的最高处,这处绵延山林仍存有多片百岁古荔枝树树林,是萝岗荔枝百年产业化的历史写照。

萝峰山上的玉岩书院里,有一株广州最长寿的荔枝树。据专家考证,这株荔枝树已有1000多岁,村民说这株古荔是"山枝(山上自然生长的荔枝原生种)",在明代已高达数丈,需两人合抱。据传明嘉靖年间天寒,满山树木大都被冻死,古荔也被严重冻伤。之后长出三枝嫩芽,此后老树新枝顽强生长。

曾培养出宋代名臣崔与之的玉岩书院始建于南宋年间,至今已超800岁。从书院侧门一路上到亭边,千年古荔就在此处。明代大儒湛若水在此登临,为亭题名"山高水长";清代两广总督张之洞到萝峰寺观赏梅花时作诗"种梅如种桑,衣食山中人"。文道的长风曾浸染了这里的山头,岁月传奇在历史变迁中渐渐消散。

古荔树曾被前人嫁接,在老树干和新生枝上育出两个不同品种:一是山枝,另一是甜岩。千年古荔何其尊贵,自是无人敢偷摘,想必每一枚新果,都有时光的馨香吧?

913岁
最老樟树

图注 Caption

1-3.古樟在火村小学内，一直被妥善保护，生存状况良好。

黄埔火村小学创办于1950年，校内古树成荫。生活在此的钟氏族人在萝岗火村(原名果村)已繁衍生息到26代。村后这棵913岁的樟树见证了他们祖先迁入、定居、开枝散叶至今的全过程。冠幅达23米，枝繁叶茂如华盖，其覆盖面积比篮球场还大。

经专业机构鉴定，这是目前发现的广州市最老古樟。樟树其中一分枝被一株细叶榕包裹，形成奇特的孖生状态，尽管年龄相差了几百岁，孩子们喜欢叫它"孖生树"。

实际上，榕树和老樟树形成了竞争关系，榕树的树干已经变形向樟树合拢，对老樟树形成了吞噬绞杀之势，一旦榕树须根长大，老樟树的健康就堪忧了。当榕树暴露了"企图"后，火村人开始采取行动，诱导两树和谐共生。

老樟树所在的火村小学，原址是火村风水林，这里的古树一直受到当地人的悉心照顾。现在轮到火村小学的师生接棒保护包括老樟树在内的古树群落。由于担心榕树缠绕老樟树的须根越长越多，影响到老樟树的生长，师生们经常要将新缠生的榕树须根清理干净。学子老树，难道不正是代代相传的人与自然和谐共生的相处之道吗？

番禺
石碁镇凌边村

718岁
樟树

▶ 图注 Caption

1.绕行一周,更觉古樟规模壮观。
2.凌边村的乞巧公仔远近闻名。3.虽历尽磨难,今天,老樟树仍旧生机勃发。

　　据乾隆时期进士凌鱼所编《凌氏族谱》描述,宋末抗元英雄凌震的次子凌方道迁居时,看到村口这棵樟树不过数十载就生得格外茂盛,觉得此处是块宝地,便与族人在此安居。凌震曾多次率领南宋军队击退进攻的元军,宋景炎三年(1278),元军再次率主力军队进攻广州,凌震迎战失败。次年一月,元军攻陷广州。此后凌震数次率兵欲收复广州未果,最终忧愤而死。

　　在凌方道定居前便屹立于凌边村村口的老樟树,数百年来,经历过无数的坎坷:它曾被虫所蛀,树干已留下空洞。后来,村民为驱出躲入树洞的野猫,不慎将樟树烧残,到了1994年,一场台风将本就体力不支的老樟树吹倒,分成了两半。尽管如此,老樟树并未就此枯萎,而是继续吸收着天地的精华,顽强地存活下来,长成了现在这般虬龙盘曲的模样。

　　凌边村历史悠久,因此也保留了较多原汁原味的传统风俗。像乞巧节便是凌边村颇具特色的传统节日之一。每年乞巧节,十里八乡的亲友必会赶来观摩凌边村村民制作的巧夺天工的"乞巧公仔",当天古村热闹非凡。有古樟庇佑的古村,果然是人杰地灵。

南沙
黄阁镇东里村

715岁
最老古榕

▶ **图注** *Caption*

1.龙门古榕抱紧旧门楼，形成"龙门"壮观。2.古榕上寄生的斜叶榕已与古榕合为一体。3.周边古树成林。

东里村是黄阁镇四大古村之一，开村时南沙区还是海中孤岛。水退人聚，沧海桑田，这些变化，有一位健在的"老人"见证，它就是一级古树——"龙门"古榕。

高16米的古榕，是一棵从门楼上意外长起来的榕树。如今老树将门楼包裹起来，曾经的东溪门楼，除了牌匾，都已与古榕融为一体，古榕却依旧保留着"门"的形状，"龙门"（榕门）古树因此得名。东溪门楼曾是周边几个古村的码头地标，黄阁历史也起源于附近围基耕海的时代，东溪门楼即是附近村落的交通汇聚之处。

古榕西南面，是村民供奉的社稷神石碑。今天，"龙门"古树仍是孩童们祈求卖掉惰性以换勤学的"卖懒"文化传承之地。沿着古榕旁的小路上行，可达莲溪凤山公园，黄阁小学在此依山而建；小路向下，古荔成林，古榕参天，古井当巷。

古榕本体是株细叶榕，上面寄生的斜叶榕已颇具规模，村民叫斜叶榕作"万年荫"，村中尚留万年荫古井，还有一株"万年荫"古树。如今村落民居密集，古村肌理已不复存在。唯从空中俯瞰，古榕如一枚绿色心脏，紧紧嵌入村中，将绵延不绝的福荫，留在这片土地上。

增城
石滩镇石湖村

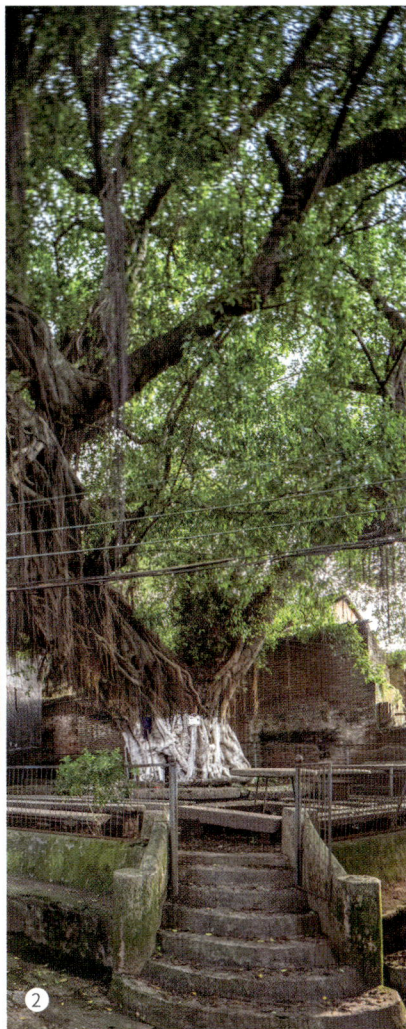

613岁
古榕

1-2. 田的中央是
村舍，村舍中央，
是古榕树。

增城石滩镇的田心社位于增江东岸，民居散落在田间，正如其名。村委会所在的一连片老房子被村民称为"旧村"，如果你打听"你们村的那棵大榕树"，村民会不约而同地指向同一个方向——这棵古树正在旧村中心，正是田心社开宗立村的起点。

600多岁的榕树，胸围达610厘米，虽然寿高体巨，却依旧枝繁叶茂。古树的一大片绿色像是从村中涌起的绿泉，高出民居，又渗入街巷，几百年来凝聚着人心，滋润着土地。

古树下建有高出地面约半米的平台，整齐摆放长条石凳，一排排环绕树干，可以想象，古树下是村民纳凉、议事的好地方。老树的平台下有土地神位，近旁设有水井。如今的旧村虽然寂静，但神位尚有余香，井水依旧清澈。

《广东新语》曰："墟落间榕树多者，地必兴。"据说田心社的乡民择此地而居，正是因为看中了这棵能兴家业的大榕树。如今田心社村民安居乐业，依旧保有静好的田园风貌，这就要归功于村民护树护田的智慧了。

田心社今天仍保存着很多老树，与老树相伴，将开村神树守在中心，田心村的心，很绿，很静。

海珠
海幢寺

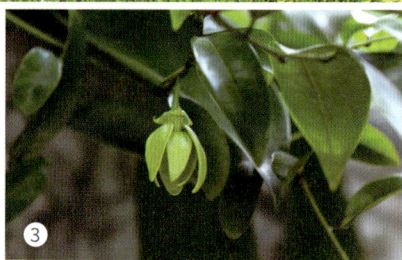

416岁
鹰爪花

▶ 图注 Caption

1.鹰爪花藤蔓亭亭。
2.花谢后果实累累。
3.如鹰爪般的香花。

"先有鹰爪，后有海幢。" 海幢寺内的鹰爪花，已有400多岁。走进寺院的南门，从雄伟的藏经阁以及苍劲的百年榕树转左，循着指引走向花径尽头，只见墙角一隅的栏杆围拢之中，古鹰爪树干带刺、苍老遒劲，枝繁叶茂的藤枝在六角石栏顶上织成绿伞。春天长出似鹰钩的总花梗，开出如鹰爪的芬芳花朵，花谢，结出一簇簇纺锤形的饱满果实。

旧时岭南人家，庭院中种的香花，多有清香宜人、花朵可爱的鹰爪花。海幢寺源于明末，得明末清初的名僧天然和尚和诸弟子之力，将海幢寺的名望推至鼎盛。天然和尚的弟子多有诗名，书法、绘画俱佳，最为出名的今无和今释二位，都留有吟咏这株鹰爪的诗。今无提到"更有余香佩远人"，可知鹰爪之雅名广为众人所知，撷一朵赠人，花香能伴旅程。今无和尚担任住持的300多年前，鹰爪已有"半亩"的规模，同门的今释和尚在这半亩凉荫下，"饮香聊足涤烦衿"，放下了尘世的牵挂。长夏一架繁花盛放的鹰爪，又让今释生出"谁在百年前见汝"的好奇心，盛花期的鹰爪花一架"千群"，花香"破鼻"，那时就早已芳名动全城。

增城
石滩镇上塘村

369岁
最老木棉

▶▶ 图注 Caption

1.古木棉守望着
农田。
2-3.300余岁高龄
的古木棉每年花
开似火。

广州目前在册最老的木棉，屹立在增城区石滩镇上塘村仙塘社，据村委介绍，这棵木棉是村里的一位秀才种下的，后来秀才迁居，木棉则一直留在上塘村。它因秀才而落户上塘，如今已是上塘发展史的见证者。

上塘村自南宋开村，当时，此处的地理环境不算优越，经济条件受限，村民生活艰难，他们一度想搬离此处，但是，祖辈扎根在这片土地上，村民生于斯长于斯，乡土情感已深，既无法割舍，上塘村民便自守清欢，以种田为生，所得稻谷，靠水道外贩，以得温饱。

运粮的水道，与村中祠堂前的晒谷场相接，码头上就是古树参天的水口林，三五百岁的古树成群。

这棵全广州年岁最长的古木棉所在的水口林，还有一棵500多岁、10个孩童合抱不过来的巨大榕树，一棵150多岁的古山楝，以及一棵140多岁的古榕。仙塘社码头的方寸之地，却容纳了4棵古树，春日俯瞰仙塘社，农田围绕村舍，古树参天，绿色华盖的最外侧，是如十丈珊瑚、满树火焰般的木棉古树。

社名仙塘，虽无灵山秀水相伴，能引神树聚合，果然是有灵气之地。

9层楼高
最高木荷

増城正果镇内，罗浮山连绵入境，在蜿蜒山路上、青山怀抱间，有全广州唯一一个少数民族村落——畲族村，这个长于刀耕火耘、开荒垦田的民族，在罗浮山和兰溪的灵山秀水间建造了自己的美好家园。

畲族旧村的山坡上，留有7棵平均年龄过200岁的古木荷，最年长的一株，已经349岁了，树高26.5米的古木荷，在这群山中挣出土壤萌芽的那一年，广州纳入清王朝的版图还不到30年。

木荷是非常接地气的乡土植物——快速成材、树干通直是优良建材，树皮、树叶皆可药用。乡人常用价廉而结实的木荷建房，老人家常会叫它"荷木"，人们用荷（音同"和"）木建房子，以祈望一家和睦、家和万事兴。

洁白花朵如小小荷花盛开的木荷，还是非常出色的防火林树种，易于自播、生长速度快、能快速成林，燃点高、树叶含水量大，林下难长易燃草木，能在很短的时间里，形成高效的防火林带。

民风淳朴、崇尚自然的畲族人，也很爱惜这些挺拔参天的荷木，代代视若珍宝，一传传了几个世纪。

5月木荷花落下，山谷山涧，一路便都是木荷花的夏之白雪。

1-2.山间古木荷林的华盖。
3.隐入青山的高大古木荷。

增城
正果镇兰溪村

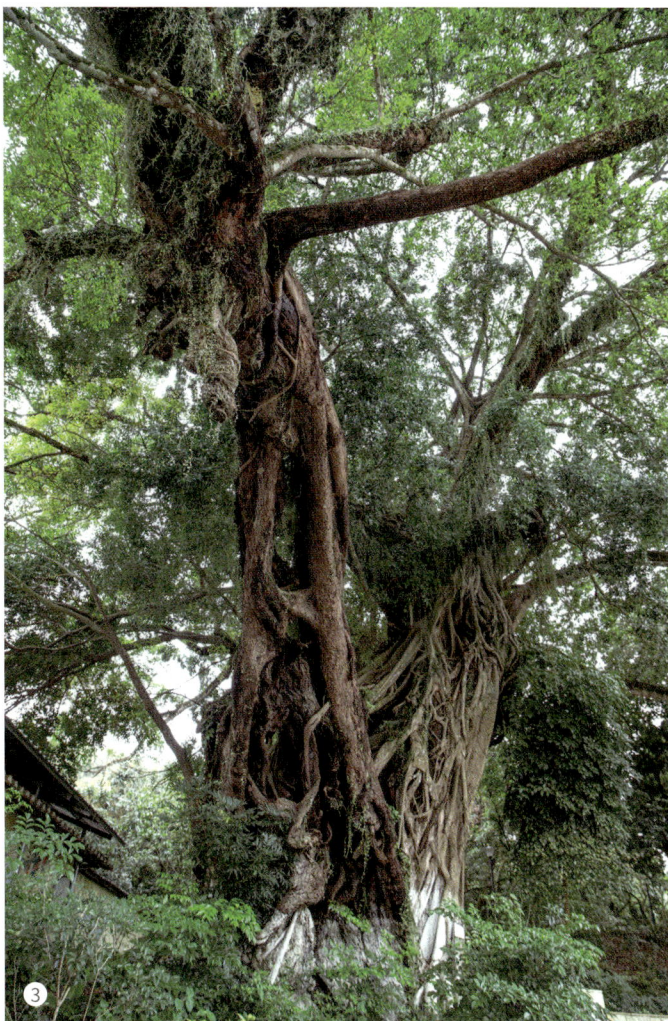

8人合抱
方合围的古榕

▶ **图注 Caption**

1-2.浓荫漫过村舍，
古榕守望农家。
3.两榕相抱成一家。

　　罗浮山麓的兰溪村，与畲族村相邻，清澈的兰溪水绕村蜿蜒流过。村中的山吓经济合作社可谓一块风水宝地，后山是古荔枝公园，园内满是荔枝古树，从半空望去，后山满布一顶顶深深浅浅的绿色华盖，而当中最为惊艳的华盖，便是这株363岁的古榕。

　　广州的长寿榕树并不在少数，一方面，广州的水土很贴合榕树的脾性。另一方面，榕树本身也拥有强大的长寿机制——榕树在生长过程中，会不停地生出气根，气根在适合的条件下，会长成支柱根，最后长成新的个体。榕的长寿，本来就是一个玄学问题——人不能两次踏入同一条河流——因为河流永远在变化，那一层层、一丛丛崭新长成的榕，你能判断今天之榕，可是昨天之榕？

　　兰溪村山吓社的这株古榕，不但是时间上的玄学，还是物种上的玄学：这株胸围惊人的古榕，最早的时候，是一株拥有无敌长寿基因的雅榕，100多年前，被一株细叶榕鸠占鹊巢，两树交融，最后合力长成8个成年人才勉强合围的榕树老寿星。

　　后山风水林为子孙留下长寿基因的经济作物，以贮福荫，这片古树群，体现的正是浓浓的广州味。

第三章 香火深处种福荫

广州既是海上丝绸之路的重要商贸港口城市，也是各种信仰、各种思潮最早迸发火花的第一站。

在历史能上溯几百上千年的大小庙堂，善男信女奉上绵延不绝的香火，演绎过无数场悲欢离合。

数百岁高龄的古树生出无穷绿意，俯瞰苍生，这世间，早已斗转星移了很多很多轮。

树说千年

第二章

香火深处种福荫

第二章 ○ 香火深处种福荫

香火深处种福荫

CHAPTER III : PLANTING BLESSINGS
IN THE DEPTHS OF INCENSE

▶▶ 图注 Caption

1. 海幢寺里古树众多。◎2.宋代立寺的增城万寿寺，榕荫匝地。

广州建城的2200多年间，城建工作一直未曾中断，古树得以保存得最为完好的地方，仍是在各派宗教传经修行的庙宇和道观中。

古树与古刹相互加持、相得益彰，古树为古刹添了几分灵动之气，古刹又为古树添了庄重之美。

经岁月历练，古树又何尝不是吸饱袅袅香烟和红尘烟火气的修行者。

几易其名的六榕寺，最终以苏东坡题下的"六榕"而得以定名，除了现存宋代奠基的华美而高耸的花塔，六榕寺最让人记挂的，仍是那些老榕树。

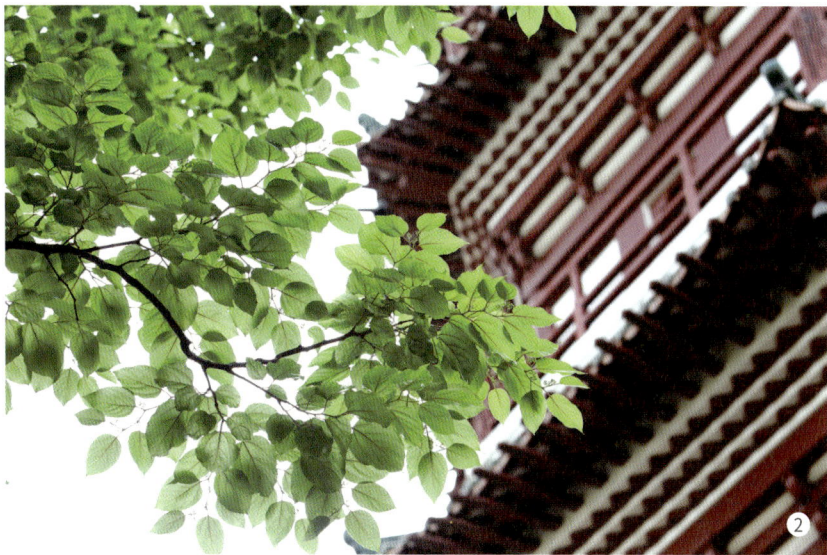

千年名刹，
因东坡题榕而名

古城广州是古代海上丝绸之路的发源地，也是佛教从海路传到中国的初传地之一，在广州的佛教寺庙中，有一座千年古刹，因曾种有六棵榕树而得名。

六榕寺是热闹的羊城肆坊中难得的清幽所在，一如旧名"宝庄严寺""长寿寺"和"净慧寺"般给人庄严清净、长乐长寿之意境。山门之外，六榕路上行人如织，红尘滚滚；山门之内，目力所及，古榕如盖，佛性禅心。

看那山门楹联题书："一塔有碑留博士，六榕无树记东坡。"王勃（博士）与苏轼（东坡）两位大文豪，都与六榕寺有着一段因缘。

时间拨回千年前的唐高宗上元二年（675），王勃离开家乡，准备南下探望在安南都护府（今越南）任职多年的父亲，抵达广州时已是十一月。广州的官员邀请他到当时还叫宝庄严寺的六榕寺瞻寺塔重修法会，他挥毫写下洋洋洒洒3200字的《广州宝庄严寺舍利塔碑》，碑文华美工仗、气象瑰伟："仙楹架雨，若披云翳之宫；采槛临风，似遏扶摇之路。"能让写出《滕王阁序》的博学之士写下如此浩浩长句，在1000年前，六榕寺塔之巍峨富丽，可想是一种怎样的惊艳存在。

至北宋元符三年（1100），宋徽宗即位，苏轼获朝廷大赦，奉诏由海南返京。途中曾在广州小住，隔三岔五到当时已改名叫净慧寺的

图注 Caption

1.现存的榕虽是补种，亦过百岁之龄。◎2.寺中高僧云峰法师亲手种下的枳椇树（万寿果）。

⑤

图注 Caption

1.细叶榕在适当的环境中能快速成长，这株170多岁的细叶榕，长出了参天的恢弘气势。◎2.印度前总理尼赫鲁送给周恩来的象牙芒已60多岁了。◎3.广东迎宾馆原在六榕寺山门内，这株古木棉已逾150岁。◎4.清代将军府的地基。◎5.广东迎宾馆是岭南建筑的代表作，两株古树簇拥着岭南建筑学派的大家林克明先生设计的六榕楼。

六榕寺小憩，应寺僧道琮之请，为寺庙题字，苏公见院内有六株古榕，榕荫蔽日，枝叶相连，挥笔留下"六榕"二字。

年过六旬的苏公此时已是第三次外贬后返京，黄州惠州儋州，一次比一次贬得偏远，几度浮沉，却一生达观、精神不倒。惯看无常因果，生性逍遥却又颇有佛缘的苏东坡，在六祖堂前的老榕树下，会有什么样的人生感悟，我们已不得而知，榕树多番补种，旧事早已翻篇。

悠长岁月，见证了榕之葱茏、榕之参天，榕之衰之荣，而六榕寺的院墙，也随时势多番更改、几度收缩，如今六榕寺的古榕只剩4棵在寺内，部分古树已散落在周边的广东迎宾馆等各处。广东迎宾馆里

古迹亦多，在南朝时成为六榕寺寺产之前，这里曾是建立广州城的南海郡尉任嚣的享堂，清代又历为王府、将军府，清初期留下的石栏板、石鼓，与青翠挺拔的古树一并，封存了一段早已被淡忘的岁月。

榕之所以长寿，是因为每一根看起来柔弱如丝缕的须根，都会寻找机会长成支柱根，再伺机开一片绿的版图，成为新篇章的延续，因此每一棵古榕，既老又新，有过往有未来，所以，六榕寺的古榕，何尝不是千年古刹历代因缘际会的延续和见证者？

今天满布高楼华厦的广州城，花塔已然不再是巍然通天宫的存在，但这寺，这塔，这榕，经过时间的加持，哪样不是珍宝？

光孝古寺一直是佛教交流的重要丛林，香火历千年传承，古迹众多，古木森立，其中以与六祖慧能颇有渊源的古菩提树，以及药师佛的灵药——古诃子树最为出名。

菩提树、诃子林，
达摩洗钵六祖归

"未有羊城，先有光孝"，这一说法可见光孝寺的历史之久远。光孝寺在中国佛教史上的地位十分重要。东晋隆安年间（397—401）高僧昙摩耶舍东渡传教，在此修建大雄宝殿，这是光孝寺史载的佛法源头；527年达摩祖师在王园寺（光孝寺）驻锡挂搭；唐仪凤元年（676），高僧慧能在此落发受戒，后开辟佛教南宗；开元二十年（732）密宗佛教的大师不空在此弘扬教法……荟萃了名僧大师和诸多佛脉精华的光孝寺，一直是众多佛教信徒心中的圣地。

光孝寺建筑结构严谨，殿宇雄伟壮观，特别是文物史迹众多。如始建于东晋的大雄宝殿，南朝时达摩开凿的洗钵泉，唐朝的瘗发塔、石经幢，南汉的千佛铁塔，宋、明时期的六祖殿、卧佛殿，以及碑刻、佛像、诃子树、菩提树等，都是珍贵的佛教遗迹遗物。

光孝寺内建筑巍峨，古木森森，几度重建，榕见沧桑。从寺庙山门直入，在正前方可以看到一座供有菩萨天王和佛门护法的天王殿。殿外西北角有一棵百岁木棉，树干直立粗大，寺中靠厨房的另一棵244岁的木棉树，在清乾隆年间种下。

穿过天王殿，左右两边是鼓楼、钟楼。这是禅宗寺院建筑的一种形制。钟楼旁长着一株309岁的古榕，树冠展开超过20米，为信众织出浓密的纳凉绿荫。

寺内最古老、保存最好的建筑大雄宝殿之后，是寺中最有名的两株古树：一株是瘗发塔旁的百岁诃子树，

图注 Caption

1-2.始建于东晋的光孝寺大雄宝殿。
◎3.宋代石狮。◎4-5.寺中古树成林。

图注 Caption

1-3.251岁的菩提树，与六祖慧能颇有因缘。◎4-6.大雄宝殿后的古诃子树。

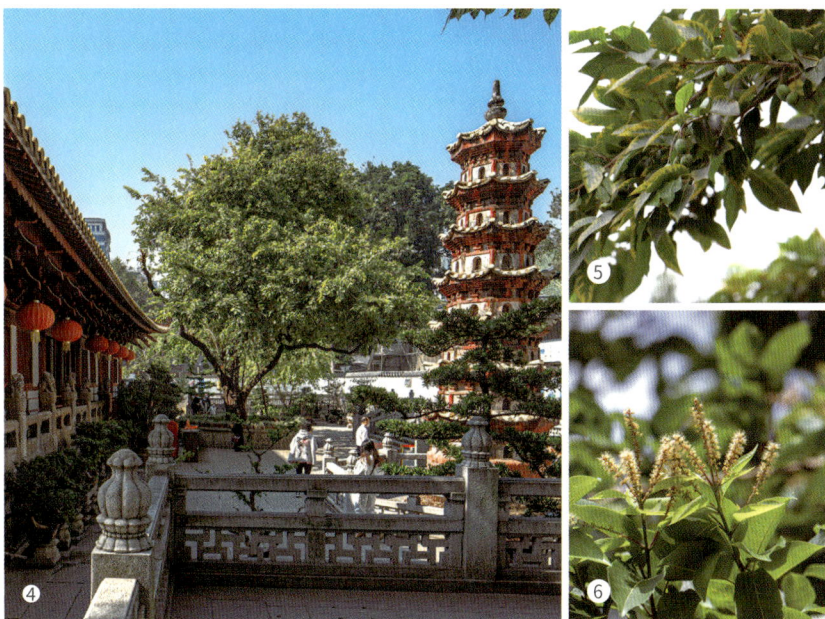

补植于清代，是寺中现存的唯一一株古诃子树，树结的果实——诃子，是僧人经常用的济世药物。三国时期光孝寺的前身制止寺曾广种诃子树，时人因此称制止寺为"诃林"，这个称谓后来也成为光孝寺的别称。

另一株是缘起于502年的菩提树：这一年，天竺高僧智药三藏带来一株菩提树苗植于寺内，这是有史可载的中国最早移植的菩提树。公元676年，六祖慧能在此树下落发受戒，相传慧能的头发被存放在菩提树旁的瘗发塔内。

不过，现存的这株菩提树已不是千年前的那株原树，原树于清嘉庆年间被飓风吹倒，现在的这棵，是250年前从南华寺的同根孙树移植过来，如今菩提孙树已高至16米，挺拔伟岸。

从菩提树向西，院里有一座建于963年的西铁塔，与另一侧保存良好的建于967年的东铁塔并称东西铁塔，是全国现存有确切年代可考的最早的铁塔。铁塔附近，三株古树簇拥而生，分别是水翁蒲桃（125岁）、秋枫（174岁），以及围墙内的一棵大叶榕（134岁）。水翁胸径超过3米，叶片呈椭圆形，入夏时洁白绒花朵朵开满枝丫，常被老广用来煎煮驱暑凉茶；百岁大叶榕根须如缕缕美髯垂地，抗战期间一场超级台风将它旁边的西铁塔吹倒了四层，却未撼它分毫。

沿塔向右，走过观音殿和六祖殿，来到僧侣生活区。这里同样古树成群，宿舍附近长着一棵枝繁叶茂的大叶榕是263岁，往东的甘露坊，坊内的大叶榕也已153岁。

这些古树，皆是光孝寺千年荣光的见证者。

梵音咏唱中的光孝寺佛韵深淳，连那些长在其中的古树也如受熏陶。在阳光照射下的古树前静赏，你，可会生出几许禅心？

72

我国四大海神庙中，唯隋代确立尊位的南海神庙保存最完整、规模也最大。当中古迹星罗，古树密布，尤以庙中代表南海神祝融身份的木棉和象征爱情的相思红豆最广为人知。

④

千年海神福地，
古树一号从此起

1-2.两百余岁的一对古木棉，列种于明清两座御碑前。
◎3.从前，登上浴日亭，就能看到狮子洋上的壮美日出。
◎4.神庙内古树参天，浓荫蔽日。

　　坐落在广州黄埔区庙头村的南海神庙，是我国四大海神庙中唯一保存下来的规模最大、最完整的海神庙，距今已有1400多年的历史。南海神庙庙前是昔日海上丝绸之路上各国海船系缆所在的古码头，隋开皇十四年（594），隋文帝下诏建四海神庙祭四海，在广州南海建南海神祠，南海神庙的香火也自此开始。

　　唐朝开元年间，张九龄奉唐玄宗之命，来广州祭祀南海神，这是南海神庙历史上一次重要的祭祀，开皇帝派重臣南来代祭南海神之先河。同样是在唐朝，南海神庙还有一段流传很广的传说——番鬼望波罗。传说彼时古印度的波罗国有一位朝贡使叫达奚，来到南海神庙朝拜后，把带来的两棵波罗蜜树苗种在庙前。达奚因为错过登船时间滞留广州郁郁而终，为了纪念他，广州人常把南海神庙称作波罗庙，每年农历二月十三日南海神生日，为南海神举行的盛大庆典，也由百姓叫成了"波罗诞"。

　　后来，外国海员到达和离开庙前的扶胥港时，都会到庙内祭祀南海神，然后到波罗蜜树下祈福敬酒，以祈求自己顺风顺水，航船平安。到了抗日战争时期，日寇驻扎在南海神庙后将波罗蜜树砍来烧炭，达奚种下的波罗蜜树因此消失。现存波罗蜜树是1986年重修南海神庙时，由广州市领导所种植。

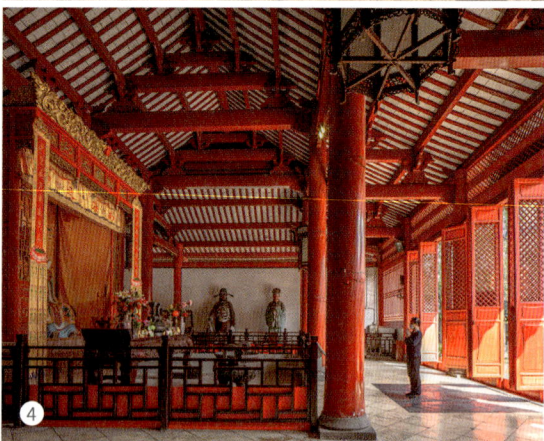

⑥

南海神庙经历代多次扩展修葺，20世纪80年代后又经过一次重修。现在的建筑规模宏伟深广，占地面积3万余平方米。庙宇主体建筑沿着中轴线自南至北为：牌坊、头门、仪门、礼亭、南海神大殿、昭灵宫（后殿）共五进。在仪门的东、西两侧各有一棵高大的木棉树，两树树龄都达到了265岁，是广州市第一批古树名录中编号第一和第二的古树。

两棵古树对面分别立着两个碑亭。一号木棉对面是明洪武御碑亭，碑上记载了朱元璋不敢逆上天之意私自称祝融为王，遂改称其为"南海之神"的故事；二号木棉对面是万里波澄碑亭，碑上"万里波澄"四个字由康熙皇帝亲笔题下，制成牌匾送到南海神庙，有祈求海事顺利之意，十几年前清碑前的这一株木棉曾遭雷击，树干已被击毁一半，后经精心护理，每年仍是花开不断。

每到波罗诞的季节，两棵树上便红花盛放，似彩霞错落，煞是好看。明末清初岭南大家屈大均多次撰诗赞美南海神庙的木棉树，似火的木棉花云，也很贴合祝融火神的气韵。

南海神庙中的浴日亭，曾是昔日羊城八景之首"扶胥浴日"的所在。南海神庙还有一株325岁的海红豆，其殷红的种子，又称为相思豆，唐代诗人王维的名诗《红豆》指的就是它。每年波罗诞期间，逛波罗诞集市的青年男女，蜂拥到红豆树下拾取相思豆，赠给心上人，这便是当地"第一游波罗，第二娶老婆"的俗语由来。

除上述树木外，园中还有山牡荆和榕树等多棵古树。这些古树承载了南海神庙的历史，又跟庙宇相依相存。这座皇家认证的海神庙，留下大量记录史实的碑文瑰宝，文脉重厚，而古木承载的庄重与温情，同样引人入胜。

图注 Caption

1.庙中的海红豆树很出名。◎2.两株并排的古木棉都已265岁。◎3.宋碑。◎4.波罗僧也被奉入神庙。◎5.南海神诞（波罗诞）曾是广州最热闹的庙会。◎6.200多岁的木棉开花时，引来各种鸟类来进餐。

榕荫铺地、宋莲袅袅，
416 岁鹰爪花岁岁结香

明末清初还可"海月在楼角，流光入我床"（《张家珍·宿海幢寺》）的海幢寺，
现已远离江岸，陷入车马喧闹的街巷。
明末建寺的海幢寺，在清军破城屠城，
由广东佛门的领袖人物天然和尚带领寺僧为殉难民众收骸，
并利用平南王尚可喜畏惧因果之心，前后庇护了南明遗臣数千人，
得意弟子今释、澹归……皆在此列。

图注 Caption

1-2.山门前一对石狮,相传是清代巨贾、十三行牙商潘振承家族潘氏祠堂前的瑞兽。◎3.山门北侧的心叶榕,树龄约为386岁,应是立寺时所种。◎4.塔殿旁的斜叶榕,已有439岁。

明末建寺的海幢寺,能与历史渊源深厚的光孝寺、华林寺、六榕寺、大佛寺并列,共为广州五大丛林,与岭南名僧天然和尚及其弟子结下的善缘有关。

佛教禅宗南宗影响甚广的曹洞宗,其第三十四代传人、岭南名僧——天然和尚,在南明倾覆之后,以其影响力护佑了大量不肯降清的志士。天然和尚原本就是有诗名的读书人,弟子今无、今释等,都是颇有建树的诗僧。明末进士出身的今释和尚传世诗作甚多,多有提到寺中的鹰爪花,"一树婆娑半亩阴,饮香聊足涤烦衿",香客散去,夜风送来鹰爪花的芳香,思绪飞舞,"谁在百年前见汝,每因九夏一怜渠"。清初拜天然和尚为师的今释,在诗里印证了老广口口相传的"先有鹰爪,后有海幢",古鹰爪花的历史,可谓绵长。

先于海幢寺扎根于此,古鹰爪花自然有"古仔","古仔"有正邪两大版本,正合了恶有恶报、善有善报的因果报应。

图注 Caption

1-2.心叶榕的叶子与菩提榕很像，所以又被称为假菩提榕。◎3.400多岁的斜叶榕，状态良好。◎4-5.寺中两株百岁细叶榕古树。◎6.海幢寺的盆景艺术也颇有声望。◎7.飘香宋莲中一尊"猛虎回头"石，相传是另一位十三行巨贾伍秉鉴家族旧物。◎8.古榕成荫。◎9-10.416岁的鹰爪花。

相传海幢寺的所在地，就是高僧从富商手中化得。恶有恶报的版本，说的是明末富商郭龙岳诬陷家中的粗使丫头兰香窃取翡翠玉扣，负屈衔冤的兰香不堪折磨投井自尽，此后井上长出一棵鹰爪花树，花开时香气扑鼻，花树日益繁茂，而郭家则日渐衰落。

善有善报的版本，则是说明朝有广州商人在印度做生意，遇印度商人周转不灵欠下货款，他恤其困境并不急于讨回，感激之下，印商以一段花木相赠。广州商人远渡重洋返回家乡，受赠的木头居然抽枝散叶，花开香溢。到了明朝末年，有两位高僧在此修行，见此树的花像鹰爪，香气如兰，就给它取名鹰爪兰。这段"古仔"讲的则是善有善报的广结善缘。

逾400年的沧桑岁月，鹰爪花扎根的土地从明代富商的后花园，变为清代楼阁巍峨、园林秀丽的名刹，坐拥可与城北镇海楼比肩的藏经阁。清代平南王尚可喜攻打广州时，清兵屠杀城中数十万军民，海幢寺僧人本着慈悲心安置亡魂、护佑抗清志士，住持向因杀戮过多、

饱受梦魇折磨的尚可喜布道，使其在感召之下放下屠刀，众人合铸幽冥钟，超度亡灵。

仅余广州城一口通商的清嘉庆年间，海幢寺也是最早向西方商旅开放的庙宇，随着清王朝的衰亡，败落的海幢寺在1932年变身成河南公园，1933年改名为老广耳熟能详的海幢公园。1993年海幢寺重修了大雄宝殿、天王殿、塔殿等建筑，重新开放，当时既是寺院，又是公园，堪称佛境与俗世交融，甚至曾是国内唯一一座有碰碰车、跷跷板、儿童木马的寺院，留下了一代人的童年回忆。

今天海幢寺重新成为佛门清修地，寺院再次翻新，唯有寺中的古树，见证了海幢寺的衰荣：逾400岁的鹰爪花、斜叶榕（塔殿北侧）、近400岁的心叶榕（又叫假菩提榕，位于山门外侧）……古树接连织成绿荫，环抱古刹。

每年春去夏来，引自宋都开封的宋莲绽蕊吐芳，千岁莲、四百岁的鹰爪花依旧在香火缭绕、经文诵唱中，开花，结果，迎接又一岁的枯荣。

第四章

公园里的老寿星

公园是一座城市最养心养眼的公共资源，每座公园既是体现地域风情的公共景观，又是鸟鸣花放林深的生态绿地。

无论是昔日帝王后花园、富绅私家宅，还是解放后如雨后春笋般涌现的新公园，所有的公共园林，古树必是主角，是镇园之宝。

它，代表了一种造园人的审美与志向，也代表了一座城的精神气质。

千年说树

公园里的老寿星

GCHAPTER IV : THE LONGEST-LIVED TREES IN THE PARK

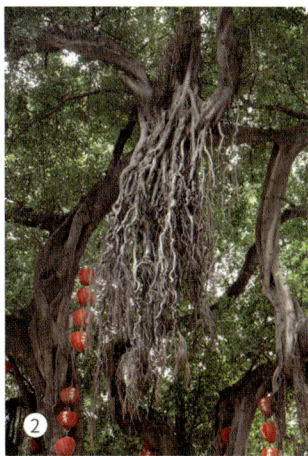

②

图注 Caption

1. 越秀公园里的百步梯周边的老石栗树旁，长有多株细叶榕、木棉古树。
◎ 2.古榕的气根，自成风景。

广州旧城区中的古树，要论数量和良好的健康现状，还是以公园为优胜，一来是公园早已形成良好的生态环境，古树拥有很好的生存环境；二来是在公园里，古树能得到更好的照顾，毕竟在车水马龙的交通要道上，难以得到更细致的维护。

在公园里，除了四时艳丽动人的花卉吸人眼球，四季常青、树冠亭亭的古树，才是最长情、最养人眼、润人心的风景呢。

85

石门国家森林公园
雅榕、红锥、枫香、银桦

从化区

南平静修小镇
龙眼、枫香、木棉、秋枫

洪秀全故居
樟、人面子、龙眼、心叶榕

王子山森林公园
红锥

花都区

增城区

何仙姑旅游景区
白花鱼藤、秋枫

白云区

雕塑公园
罗汉松

白云山风景名胜区
大叶榕、橄榄、印度黄檀

云台花园
细叶榕、佛肚树

黄埔区

玉岩书院
荔枝、人面子

流花湖公园
细叶榕、夏栎

越秀公园
细叶榕、木棉

天河区

南海神庙
细叶榕、海红豆、木棉、山牡荆、秋枫

荔湾湖公园
细叶榕、扁桃

越秀区

兰圃公园
樟

中山纪念堂
木棉、南岭黄檀、白兰、细叶榕、大叶榕

天河儿童公园
木荷、荔枝、阳桃

荔湾区

东山湖公园
假柿木姜子、细叶榕、大叶榕

海幢寺
心叶榕、细叶榕、鹰爪花、斜叶榕

海珠区

沙面建筑群
樟、细叶榕、扁桃、桉、假柿木姜子、朴树

黄埔军校
木棉、杜果、细叶榕、白兰

邓世昌纪念馆
苹婆、樟

晓港公园
榕树、木棉、樟

醉观公园
九里香

番禺区

大夫山森林公园
细叶榕、樟

余荫山房
蜡梅、五月茶、黄兰、炮仗花、龙眼、荔枝、宫粉紫荆

宝墨园
大叶榕、木棉

南沙区

莲溪凤山公园
荔枝

大岗公园
细叶榕

广州公园里，你见过哪些老树寿星公？

广州虽说是千年不衰的商都，公共资源上，向来豪横程度名列前茅：大量免费参观的博物馆、展览馆；逾 1500 个公园绝大部分对市民免费开放，"行公园"，是老广极重要的生活组成。

而公园里的古树，也成为老广自豪的集体财富，这些古树，大都比公园还年长，它们，陪着老广在 2200 多岁的广州，续写一代又一代的新传奇。

黄花岗公园的核心，是举国闻名的黄花岗七十二烈士墓园，从墓园的整体格局和建筑来看，公园本身就富有极高的庄严之美，再由古树烘托，不大的黄花岗公园，却呈现出一种浩大、宏伟的气势。

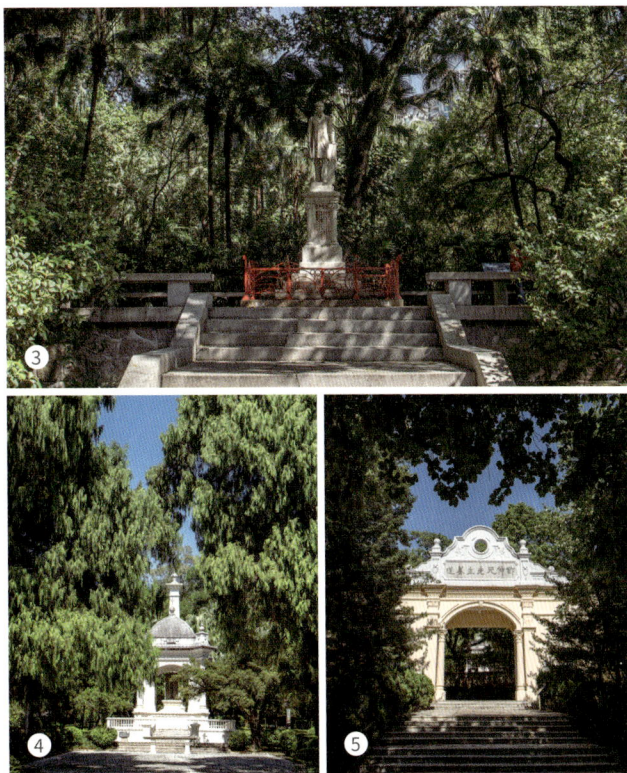

碧血黄花处处埋英骨，老榕香樟层层织绿荫

在先烈中路上，有一座老广耳熟能详的黄花岗公园，它有一个举国上下皆知的名字——黄花岗七十二烈士墓园，是为纪念1911年4月27日孙中山领导的中国同盟会在广州三·二九起义中牺牲的烈士而建。

在黄花岗公园的南侧，生长着一株清初就萌芽的大叶榕古树，它在黄花岗还被叫作红花岗的时候就已然参天。当年起义失败后，因不忍烈士遗体暴尸荒野，以同盟会成员潘达微为主导，在徐树棠、江孔殷等开明乡绅出资出地出力的共同努力下，烈士英骸最终得以收葬于红花岗的一片平坦草地上。后来潘达微在报上登文，认为黄花更能代表烈士坚贞不屈的气节，遂将红花岗改名为黄花岗。而当年载着英烈身躯的灵柩仪仗，就是从大叶榕的旁边经过的。

在大叶榕的周边还有两棵同种的"忘年交"——华南皂荚，年过300岁的两棵古树相差20岁，树身几乎等高，树冠东西冠幅均超过20米，老人家最爱在下方的空

图注 Caption

1.陵园的建筑映衬古树，处处呈现静穆之美，纪功坊刻下烈士英名。◎2.黄花岗起义失败后，中国同盟会元老之一潘达微等人，冒死将烈士收葬于黄花岗，潘达微死前特意交代身后想葬在七十二烈士旁，继续守护同袍，新中国成立后，先生如愿以偿。◎3.被孙中山称为"为共和殉难之第二健将"的史坚如，为国殉身时比七十二烈士早了11年。◎4.北伐勇将梁国一墓园周围古树环抱。◎5.孙中山在军事上极为倚重的广东军政府陆军司司长、粤军总参谋长邓仲元墓园附近，有一株巍峨百岁古樟。

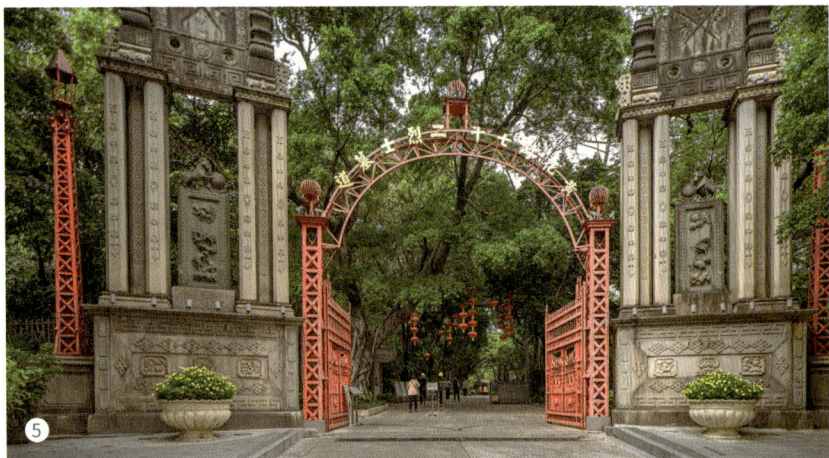

图注 *Caption*

1-2.史坚如墓旁的两株百岁古樟,133岁的那株,挨近乡土植物园。◎3.公园西南门小径浓荫铺地,当年烈士灵柩就从这里进入。◎4.西南门古树平台的这株华南皂荚已有366岁。◎5.公园红门,墓园由著名建筑师杨锡宗设计。◎6.每年黄花节,代表高洁气节的各色菊花引得人潮蜂拥至,人们在无穷绿意里赏花、追古,奉上自己一瓣心香。

地上耍两轮太极拳。枝繁叶茂、浓荫匝地的样子,你可曾想到,十余年前,因地面封闭式的铺装影响了绿地透气性和土壤肥力,两株皂荚树根系不畅,健康堪忧,后及时更换了铺装材料,优化了土地肥力,再辅以喷射药液杀虫等防治手段,终使两株古树重归巅峰状态。

在华南皂荚附近,还有一株山牡荆古树,姿态挺拔,冠叶浓厚。木材适合做家具,用途广泛。在这棵山牡荆的旁边,是两排刻有祭语的碑石。革命家刘大同曾书《九哭黄花岗》长诗,石碑就立在此地。

沿着碑林方向走,可以看到在创建特色园林时期专门设立的乡土植物园区。在乡土植物园的花圃里,有一株寓意美好的古树——阔荚合

欢。清代纳兰性德曾有词作"不见合欢花,空倚相思树",用以表达对妻子的追忆之情。当中的合欢一词,就是指的合欢树。寓意美好的合欢常常会让人联想到一些爱情故事。在黄花岗起义的前一夜,林觉民忍泪写下了遗信《与妻书》,当中温情与大义同等重量,让无数人动容。

从乡土植物园区出来穿过小路,有一株133岁的古樟,整棵樟树分出两干,比肩生出无穷的绿意。

今天的黄花岗公园仍是许多游客心中的"红色基因传承之地"。在遍览烈士遗址之余,我们不妨多留意一下这些公园里的古树。在公园重温兴衰起落的岁月,读懂这里的古树,便拾到了更多的历史细节。

作为广州第一个市民公园，人民公园的种种设计思路开百年风气之先，虽只有弹丸之地，园中百岁古树众多，百年城央地力不足、树冠偏冠等问题日显，这些老寿星，确实让老广又爱又操心。

老中轴线上的绿翡翠，
中国第一批市民公园

1921年2月15日，广州市政厅正式成立，建立了全国第一个行政市，并开始了大规模的市政建设。

1921年10月12日，广州市立第一公园（后称中央公园，今人民公园）举行隆重的开园典礼，时任市长的孙科发表演讲，20万市民见证，当时全广州人口都不足200万。从此，有着千年园林建设历史的广州，第一次有了为市民"籍公园以救济健康，尤人身籍肺腑吸空气"而建的园林。

从2200多年前"积沙为洲屿，激水为波澜"的南越王宫曲流石渠，到清末令外国人追捧、名扬四海的行商花园，再到免费开放给所有市民的"公家花园"，人民公园可谓广州园林史上的先锋花园。

广州人民公园虽然不是全国的第一座"公园"，但所处广州，因着气候适合植物生长，文化包容中西互鉴，改革创新总在前端，以及公民需求不断提高，广州人民公园从开园伊始便多见报端。

▶ 图注 Caption

1.市府前的这棵大叶榕古树，雄姿勃发。◎2.百年音乐亭与古树相得益彰。◎3.历经百年沧桑的人民公园南门门楼，端庄、静美。◎4.处处透露东西方审美融合的百年老公园。◎5.广州城区传统中轴穿过人民公园，广州城市原点标志就在公园南广场上。

▶ 图注 Caption

1.194岁的古木棉。◎2.园内细叶榕古树不少。◎3.119岁的古厚壳树。◎4.195岁的古人面子树。

94

1921年10月19日的《羊城新报》刊登了一篇名为《公园》的新编粤讴："君呀，你到过来，个处第一公园，唔曾到过，又怕乜把花径嚟穿。虽则未得春色满园，亦都唔怕眷恋。咪话春来景象，正可以温存。因为佢係建筑初成，就应份前去一转……君呀，你快快同奴去吓，莫个重在心头算。有心就唔怕路远。个阵吸些空气，都叫做係有点因缘。"可见当时之轰动。

1926年发行的《现代评论》曾评价："在现代的中国里面若要找一个较自由及平等的地方，请你到广州去，第一公园（今人民公园）不要买票，谁都可以进去观赏，哪里有什么贵族与平民之分？"

彼时，人民公园不可谓不新奇：意大利图案式庭院布局，南门直通主行道，左右两侧方整对称，西式大门、音乐亭、喷泉水池；老广惊叹：仅仅三年就绿草如茵、干高叶茂；公园

功能综合、多用，同时始终免费，真正开放给所有市民……

实际上，人民公园位于广州老城传统中轴线上，从隋朝起就是历朝历代的衙门官邸所在：唐代为岭南道都督府，宋代为广南东路经略安抚使司，元代为广州路宣慰使司，明朝为都指挥司署，并曾为南明绍武政权王宫，清代先后为平南王府和广东巡抚署。

1936年出版的当时颇有影响力的《都市地理小丛书：广州》中写道："这公园是市内最宽敞的一个，而且近在市心，游玩的人很多。"

现今已逾百岁的人民公园基本保持了原有风貌，看那音乐亭所在的林荫大道的中轴线上，两排枝叶茂盛的大榕树中有3棵年龄过百，2棵是大叶榕，1棵细叶榕，最年长的已有135岁，长势良好。音乐亭附近还长着全园最年长的古树——224岁的秋枫。

北门西侧，有2棵高大的木棉，东侧有1棵树冠巨大的人面子树，这几棵古树都长得高大巍峨。

公园东南的4棵古树中，有3棵是枝干粗壮的细叶榕，因枝叶繁密如华盖，总能引来游人围观赞叹。还有一棵是靠近吉祥路的古树厚壳树，每年暮春时分，这种广州的乡土树种会开出繁密的素白小花。

人民公园的缘起，是自1917年孙中山在《建国方略》中，首次提出依广州自然山水景胜之地建设"花园城市"的构想，也正是在他的建议之下，昔日巡抚署园得以改为向公众开放的市立第一公园。

如今，广州市的公园数已达1500余个，国家植物园也落户广州，但面积并不大的人民公园，其"市立第一公园"的先锋地位永远不变，园中的古树也共享这第一等的荣光。

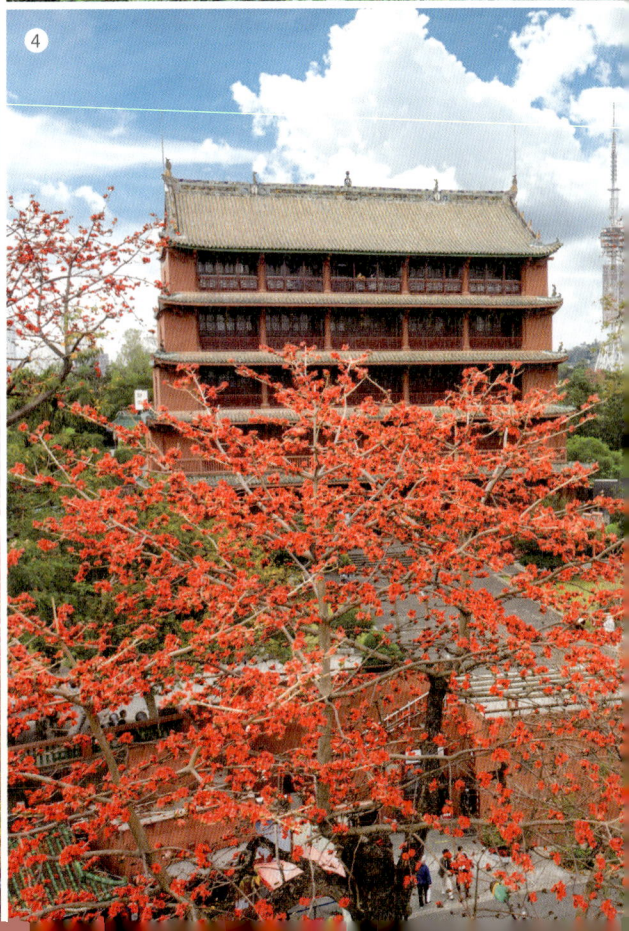

南粤有名山，
红花似火绿荫织

要说广州哪座公园最具历史代表性，老广首推的必定是位于越秀区解放北路的越秀公园。园内的越秀山是一座历史底蕴深厚的南粤名山，早在西汉时，就因南越王赵佗在山上建"朝汉台"而得名。

在这座古老的山丘上，有为数众多、见证羊城历史的古树——木棉树和榕树，它们可以说是越秀山上最具代表性的植物。越秀公园内共有15棵古树，从数量上看，木棉已占了大半壁江山，共有9棵；但从树龄来看，广州社树代表——榕树才是这群古树中的"长者"，4棵榕树都是细叶榕，最老的一棵已有305岁，那时这座山还未被称为越秀山，历史上称之为越王山、观音山、粤秀山……这群古树是历史的见证者、亲历者。它们及其脚下这片热土，虽经历过战争的洗礼，却历险弥坚，仍然焕发出勃勃生机。

如今游人如织的广州博物馆（镇海楼），位于当年南越王赵佗的越王台一带，那时，木棉树还被称作烽火树，因其"至夜光景欲燃"。屈大均在《广东新语》中描述其："望之如亿万华灯，烧空尽赤。"镇海楼前就有这样一棵花开如炽的木棉，扎根至今已有154年。它萌发之时正值广州起义爆发前后，起义军以镇海楼为中心，与敌军展开猛烈的交锋，它便如那星星之火，在战火的洗礼后焕发出强大的生命力，在岁月长河中生机勃发。

图注 Caption

1.清道光年建的佛山牌坊前294岁的细叶榕古树。◎2.粤秀奇峰坊旁174岁的古木棉。◎3.从纪念碑沿百步梯下行到中山纪念堂，古木棉最多最集中。◎4.镇海楼前的154岁古木棉。◎5-6.越秀公园的古木棉高耸向天，入春时繁花开似火。

追寻古树的足迹一路往西南方走去，在通往中山纪念碑的步径中，会迎面遇上两座小巧古朴的古牌坊，一牌坊上题"佛山"，另一块牌坊则一面题"古之楚庭"，一面题"粤秀奇峰"。"古之楚庭"牌旁，生长着一棵174岁的古木棉。它见证了1867年"古之楚庭"牌坊的重建，和1929年建的中山纪念碑一起，屹立于越秀山之巅。"佛山"牌坊旁边还有一位更加重量级的"长者"，294岁的细叶榕，它萌芽时，越秀山上的观音阁还香火鼎盛，越秀山也因此被称为"观音山"，如今观音阁早已废圮，只剩这棵古老的细叶榕茁壮参天，将过往岁月都凝固在年轮上，供你细细寻味时光旧痕。

离开中山纪念碑，沿着百步梯拾阶而下，便到了越秀山古树最集中的区域，一路上有8棵木棉、4棵细叶榕古树。孙中山读书治事处纪念碑旁矗立的古木棉、古榕枝叶葳蕤。在细叶榕和木棉古树之间，生长着越秀山最为年长的细叶榕古树，它的树龄已有306岁。百年前，炮火纷飞的年代，它们陪伴过先生读书、治事，抚慰过先生身心，也经历了孙中山先生和夫人宋庆龄的故居——"粤秀楼"在炮火中灰飞烟灭。1930年由中山纪念堂建筑管理委员会在粤秀楼旧址建立孙中山读书治事处纪念碑，在陈炯明发动叛乱时，孙中山与宋庆龄便是从此处脱险。

在当时受陈炯明叛变影响的，还有清末民初著名的政治家伍廷芳，在听闻陈叛变一事后，他激愤成疾，不久后便病逝，孙中山得知讣讯后悲痛万分，下令为其举行国葬仪式。伍廷芳的墓坐落在越秀山中山纪念碑的东侧，墓的东侧有一棵183岁的细叶榕，它撑出绿色巨伞默默地守护着伍廷芳的英灵。

古树亦有灵，簇拥山林，为这座古老而充满传奇色彩的山丘织出一片岁月的绿荫。

图注 *Caption*

1.孙中山读书治事处纪念碑旁的这棵古榕，曾为伟人遮挡骄阳。◎2.伍廷芳墓园的参天大树。◎3.每棵古榕，都是一顶赠人阴凉的华盖。

往昔帝王御花园，
今日翠堤流花湖

图注 Caption

1.榕荫送清凉、湖面送清风。◎2.芙蓉洲鸟瞰，水上水面皆为绿翡翠。◎3-4.榕树浓荫，是最好的天然舞厅。

在越秀山的西南麓，东风西路以北，有一座历史底蕴深厚的人工湖——流花湖公园，流花湖的前身，正是古代的天然湖泊——兰湖，又称芝兰湖。

自汉代开始，兰湖作为优良避风港和码头区，对广州的经济发展与对外交流发挥过很大的作用，据广东第一部城区通史《越秀史稿》记载，1000多年前，建都广州的南汉国，国主在兰湖修建了皇家花园芳春园，园中木桥因宫女的弃花随水流过的绮丽景观得名"流花桥"。

20世纪50年代，全市大动员开挖四大人工湖，原来湖体干涸、泥沙淤积的菜地、泥洼，终得以沿承往昔风貌，沿用"流花桥"之典，千年前的皇家私苑，成为今天人们熟知的流花湖公园。

流花湖公园目前植被覆盖率高达88%，园中植被以热带、亚热带风貌的棕榈属和榕属植物为主，尤其是园内榕属植物早已织出满园绿色巨伞。

从北门进园，往南边的流花歌台走，一路上长着6株逾百岁的细

叶榕，它们扎根成长时，旧时兰湖的风采不再，四周是低洼泥地，壮年时又亲见市民踊跃清淤建园，碧湖映日、嘉树环绕的美景得以重现。

在流花湖公园建设过程中，设计师结合传统园林的布局手法，以堤、岛、桥划分水面空间，使景观产生丰富多元的变化，园中的葵堤、鹭岛和流花桥也因此成为园中最为亮眼的标志景观。

走至榕荫游乐园，细叶榕古树宽阔的树冠下，大量的榕树气根如垂帘悬空，公园管理部门对气根采用了人工汇集、疏导的方法，以保障古榕树的健康生长。

游乐场另一侧的得宝保龄球馆，生长着园内最年长的细叶榕，是改革开放初期港商参与投资的项目，给老广带来了一种全新的休闲体验，老广对它20世纪90年代的火爆程度仍历历在目。

从游乐园出来往西南方向走，来到园内最大的活动广场——蒲林广场。广场上植物花卉各有芳妍，但最受瞩目者还是湖岸边的一棵细叶榕古树，树身伟岸的古榕，东西冠幅展开足有30米宽，一侧枝叶一直生长到湖面上，树下的石凳，常有游人闲坐其上，赏湖纳凉。

在公园西侧，素有"岭南盆景之家"美誉的流花西苑里，有一棵用铁艺栅栏圈住的"友谊树"，这是1986年英女王伊丽莎白二世访华时亲手种下的橡树。所谓"橡树"，其实是壳斗科植物的泛称，苑中这棵"橡树"实际上是被称为"英国国树"的原产于欧洲的壳斗科栎属的落叶乔木——夏栎。因为土地碱性过大和气候差异的问题，这棵夏栎一度生长不佳，在进行换土和周边增种伴生树种等技术处理后情况有所好转，现在这棵夏栎枝繁叶茂长势良好，而当年亲手植下一片友谊绿荫的伊丽莎白二世，已于2022年去世。种树人已逝而树欣荣，唯愿这友谊之树，继续播撒其余荫。

图注 Caption

1.园中建筑也很有看头，葵堤红桥和西苑，皆为历史建筑。◎2.英女王伊丽莎白种下的友谊树。◎3-4.西苑步步成景。◎5-6.古树浓荫。

荔湾湖公园总是与代表旧时最富水乡特色的繁华水道——荔枝湾涌一并相提。当年，这一处的水波，确实代表着货如轮转的殷实富足的繁华场景。那段时光，给荔湾湖公园留下了古树、古迹，成了美好的记忆。

第四章

公园里的老寿星

1.旧时的绿与慢和现代的新与快。◎2.这株古榕还带着水口树的特色，当年泮塘确实水系丰富。◎3.海山仙馆旁的这棵古榕独木成林。◎4.榕树在广州生长速度惊人，不过百年就能与屋宇比肩。

当年荔红蝉鸣处，
已是绿榕碧水绕荔湖

　　荔湾湖公园总是与代表旧时极富水乡特色的繁华水系——荔枝湾涌一并相提。当年，这一片通往珠江的纵横交错之水网，曾是五代十国时期，荔果熟时如红云满树的南汉国国王的离宫；在明代，又以夕照下渔舟如织的美景——荔湾渔唱，入选羊城八景；到了清代，因一口通商的海运政策，这一方集商贸便利的水土，吸引了如十三行巨头潘仕成等一干富商落户安家，当年潘家在荔枝湾的海山仙馆，不知让多少洋商心生神往，海山仙馆的各种绘本，亦在海外广为流传。

　　熟知广州典故的清代文人樊封这样描述荔枝湾：水皆漂碧，滑若琉璃……环植美木，多生香草，榕楠接叶，荔枝成荫……清朝的《南海县志》记载：居人以树荔为业者数千家，一条河，以荔枝为名，一片区域，亦以荔枝得名。如此"一湾溪水绿，两岸荔枝红"的荔枝涌，周边经年累月冲积出连绵的池塘洼地，半沼半塘的"半塘"洼地，在乾隆年间已被称为泮塘，取"入泮"得功名之意头，此处产的慈姑、荸荠、菱角、茭白、莲藕等水生作物，因品质出众，以"泮塘五秀"美誉远近闻名。

　　在很长的时光里，广州城西的这片水土，承载着老广美好的记忆，而今天荔湾湖公园留下的人文内涵丰富的古树、古迹，很大程度上再现了当年美木遍植、花草繁密、榕荫满园的美景。

　　荔湾湖公园现有的水域面积超过60%，由小翠、玉翠、如意、五秀四湖以桥堤相连，在岸上有仁威庙、海山仙馆、荔园等岭南特色建筑沿湖坐落。其中以五秀湖畔复建的海山仙馆最为出名，仙馆周边的两棵古树，见

③

1.在都市的肌理中,荔湾湖公园,是独一份的养眼。◎2.海山仙馆当年的气象不可谓不惊艳。◎3.公园旁的泮溪酒家,也有一株古榕。

证过仙馆从荒废到重建的悠悠岁月:一棵是大草坪侧边的古榕树,萌发于清道光年间,因古树独木成林,枝丫众多,潘家孩童最爱爬上去玩耍,有一次顽皮小儿竟趴在树上睡着,众人遍寻不获,以为被匪人掳走差点报官,可见当时古树之榕荫,已有多么遮天蔽日;另一棵古树是光绪年间种下的扁桃树,是仙馆主人的友人,获赠美砚之后的回赠之礼,每年盛夏,甜美馥郁的扁桃果成熟,也记录下了一段隐于岁月的友谊之芬芳。

荔湾湖畔的老字号食府——泮溪酒家,除了点心宴美名远扬、建筑出自岭南大师之手之外,一棵见证酒家70余载风雨的古榕树也十分抢镜,当年,正是在这树下,老广倚坐木竹座椅,叹美食与美景,叹乡野间的凉爽榕荫。

荔枝湾涌边明末始建的文塔对面,则是一棵更为传奇的细叶榕古树,昔日乡人常在水口修建文塔以供奉魁星(亦称文曲星),相传文曲星手执一笔,谁被此笔点中,便可考取功名,常有学子考前拜文昌、转文塔。据传曾有学子在参拜文塔后,看到旁边的榕树高大挺拔、身姿伟岸,似乎预示着自己定能成为栋梁之材,以红绸挂树以祈吉祥,后来果然高中,后人闻讯纷纷效仿,这棵百年古树,也成了远近有名的"神树"。

①

②

二十世纪五六十年代，包括东山湖公园等四大人工湖公园未造之时，广州各处都常有水患，遇暴雨则内涝严重，积水成塘、滋生蚊虫。这四处积水塘，举全市人力变成了四座美好的公园。

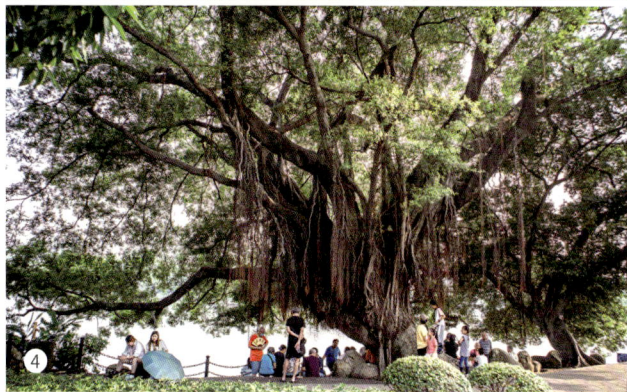

曾经掩鼻乌水塘，
早是柳翠草芳东山湖

珠江北岸的东山湖公园，北向是民国时期风流倜傥的"东山少爷"扎堆的新河浦历史文化街区，南接珠江干流，与文艺气息浓厚的二沙岛相连，东边不远处，就是高楼林立的中央商务区珠江新城。公园外是车流如织的内环路、跨江大桥——海印桥。东山湖公园，就是这十丈红尘中，接古穿今的都市绿洲。

公园总面积约33公顷，其中水体面积约占20.9公顷，湖是公园的主角，也是地理上的中心。

而堤岸、半岛、湖心岛和形形色色的桥，围绕着湖水，既是游览路径，也是串联起整个景区的纽带。

早在公园初建成的1963年，由《羊城晚报》策划组织，老广踊跃参与的中华人民共和国成立后第一次羊城八景评选，东山湖公园即以"东湖春晓"入选。同期，粤曲《东湖春晓》被传唱："珠江畔，东山下，新楼耸立，改换了旧日茅寮。污沼变平湖，臭塘变花园。妙手书乾坤，迎来东湖春晓。"

"臭湖变花园"——旧时的东山湖故地，一度是污

图注 Caption

1-4.榕树为老广们织出一方阴凉与舒适，也在珠江流经城中繁华腹地时，织出了一方养眼的美好肌理。

109

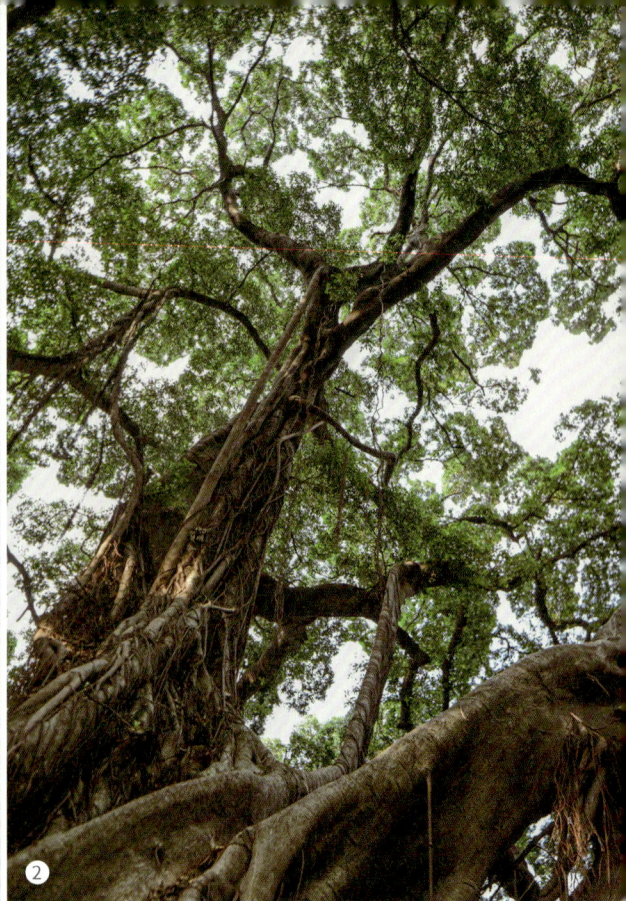

①　②

沼和臭塘，不但环境差、秩序乱，更糟糕的是周边水涌承载能力有限，每逢雨季便水漫东山、污物横流。20世纪50年代东山湖的开挖，不但在多雨季节解决了东山的水患问题，还因为收水、蓄水功能，实现枯水季节放水补充河涌，维护生态的作用。同时，还为市民提供了一个休闲娱乐、亲近自然的大公园。

美好如斯的东山湖公园，它的历史你听过吗？

巧的是，园中六棵挂牌古树，正好串联起游览路径，也串联起东山湖公园的故事。

如今"东湖春晓"的地图定位在公园南门，这里并没有围墙，路边高大的木棉犹如天然门岗。再走过凤凰木的浓荫，湖水就在眼前，一座浮碧桥分割了水面，西面是湿地滩涂，东面是清澈湖水。

湿地一角、地铁站的后方有一棵大叶榕古树，它是东山湖公园

"臭塘变花园"的见证者，俯瞰地铁工程穿湖而过，广州的脉络，再度纵横生长。

经过古树，水面有座"贴水桥"，通往湖心岛。岛上满目都是绿色，岛上的乔木枝条纷纷伸出水面，满是生动而勃发的张力。岛上最引人注目的当然还是两棵古老的细叶榕。

两树相隔不远，都近水边，高约15米，树冠舒展均匀，东西向、南北向都超过20米，若不是这两位老者更爱侧身临水而卧，两者的冠幅可以轻松在小岛上空"握手"了吧。小岛上樟树、山茶也很繁茂，亭台不论立在水边抑或随地势而建于小丘，全都隐身于绿荫之下。器乐声也好，嬉闹声也罢，都仅存于转角，连咖啡厅都绝不闻喧闹之声，万籁如被浓荫吞没。

出湖心岛，上西半岛，过五孔桥，就到了东半岛。湖面还继续向

图注 Caption

1-3.岛中榕树，都爱依水生长。◎4.假柿木姜子古树健康存忧。

东延伸，但东山湖公园的东边界就在东半岛上。五孔桥也是东湖的标志物之一，当年广东省邮电管理局1963年发行的第一套美术明信片《羊城新景》里面，东湖春晓那一张明信片的主角就是五孔桥。

东半岛的大叶榕古树就在公园围墙边。这是东山湖公园里最年长的树，树高20米，冠幅25米X25米，伟岸雄奇。按照古树183岁的年龄来推算，它"出生"于1840年前后，这一年，对广州，乃至对中国都意义非凡——据史料记载，林则徐于1839年在虎门销烟之后，又在广州靖海门外东炮台前进行了3次销毁鸦片和鸦片烟具的运动，史称"广州靖海门销烟"，这个地点正是如今的东湖所在。它犹如一颗觉醒的种子，自忧患中萌芽，经百年沧桑，终成参天古木。

东湖的故事还有两位讲述者，在九曲桥的另一边。

九曲桥也是东山湖公园必到的景点，不管春夏秋冬，桥上总有人在拍照留影。因为弯弯曲曲的每个回转处，都是步移景换的湖光山色，无论天色将湖天和大树染成深黛或青葱，九曲桥的栏杆总是明艳的红。

走过热闹的九曲桥，人流愈加密集，因为下了桥就接近北门了。北门附近长廊、亭榭、亲水平台等配套一应俱全，街坊们怡然自得地聚在此处聊天、下棋、休息，长廊前的空地上有一棵高大的古树。虽然枝干修剪明显，树荫有限，但树干粗壮，这是一棵假柿木姜子。

老广又叫假柿木姜子作"假柿树"，它其实是樟科植物，也是岭南的本土物种，从前，这种树也常被种在老广的庭院中。今天古树周围竖着立柱，它是公园里的重点保护对象。人们在古树笼罩的公园里穿行，珠江畔，这由妙手书写的乾坤，真是又宁静又美好。

①

②

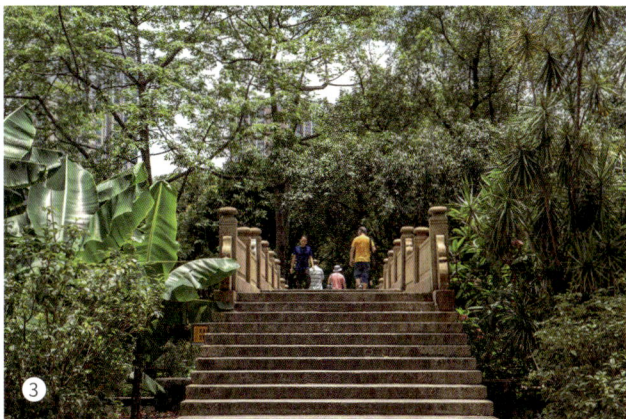
③

云桂石桥接人烟，
抱厦榕下花渡通江海

图注 Caption

1.感受古榕根系的强悍力量。◎2.明代石桥——云桂桥。◎3.走在400多年的云桂桥上，与浓荫一道感受历史的气息。

晓港公园位于海珠区前进路西南端，1958年筹建，1975年建成开放。因园内有古迹小港桥，取谐音而名。公园总面积16.7万平方米，其中水域面积3.77万平方米，是广州种植观赏竹最多的公园。湖水青青，草木葱茏，各种建筑和园道几乎都隐身于树荫之中，从卫星图片上看，晓港公园就像一块翡翠，深深浅浅皆是绿。

常去晓港公园的街坊们都知道，晓港公园并不是只有110多种竹子可赏，满园花木全年花开不断，最瞩目的，仍是晓港公园内的6棵古树。

距离公园正门不远的榕树广场内有2棵古树：百岁的细叶榕和黄葛树枝叶连片，庇护着方正的小广场，流线型的长凳，不管是运动还是休憩，都能享受绿荫。

水边有座石桥连通道路，这就是广州市现存最古老的"云桂桥"，即是晓港公园得名的来源。古桥原名小港桥，它的修建与明代清官何维柏有关，也是一个以清廉、书院、便民等为主题的感人事迹。古桥建于明嘉靖二十四年（1545），400多年样貌依旧，花草树木却日复一日，长高长大。特别是细叶榕，枝干还垂下丝丝气根，一旦触地，即生新的根茎。云桂桥南就有数棵细叶榕，其中山脚的一棵已年过百岁。

◎4.抱厦榕立于旧海礁之上。◎5.花洲古渡旧址为公园增添几许人文气息。◎6-8. 这个建在古海礁岸的公园，树影婆娑、波光潋滟,恍惚间有岁月倒流的静美。

站在小山坡上，可以看见古桥流水相伴、古树游人相拥，百年仿佛也只是一瞬。脚下的小山坡，坡面呈暗红色——此处正是广州三大古海岸遗址之一的"沧海遗礁"，岩石形成的年份接近6000年！从海底到山坡，一眼6000年，古树也显得年轻起来。

湖边有两棵大叶榕古树，一棵在古海岸遗址脚下，另一棵则在桂影岛上长成了大伞，枝干舒展，绿荫遮蔽了好大一片水面。虽有桂花树环绕，青竹芭蕉做伴，这棵大叶榕依然长出独霸一方的气势，引人侧目。古树胸围近6米，树冠直径近30米，以至于要看到它的全身像，必须沿着湖边走远，树与树影在水中相映，何其壮观！

相传岭南画派的启蒙祖师"二居"经常带学生在瑶溪周边写生，时有《瑶溪二十四景诗》中"吟虬径"和"石马岗"二景就在今晓港公园内，而"独榕厦"的诗篇则由今人刻于石上，诗云："万间庇孤寒，杜陵抱虚想。何如此树阴，人牛恣偃仰。"园中的百岁"抱厦榕"是胸围6.6米、树冠直径31米的细叶榕，枝干似条条巨蟒探向四方，果然如楼似厦般阔大。

然而，苏道芳作序、居巢参与整理的《瑶溪二十四景诗》成书于1877年，诗作者刘彤的创作时期也在1840年之前，如此计算，当时此树2岁而已，老地图中的位置也确与此树不符。不过如今我们又确实能从这棵古榕身上还原旧时美景：榕树下，渡头前，茶农、花农、游人、生意人忙碌在身边，船来舟往，帆影如云。

115

宋代这里是广州的外贸大港——大通港之所在，大通港联通北江、西江，吸引四面而来的商船，依附港口经济，花埭形成了堤堰曲折、花木繁茂的盛景，大规模的花木培育基地自此地成形，人们将其改称"花地"。

⑥

图注 Caption

1-2.九里香古树，方寸之间却透出苍劲虬曲的气势。◎3.康有为曾求学的小蓬仙馆，现被整体搬迁到醉观公园内，为公园注入了更多的人文气息。◎4.公园虽小，草木葱茏。◎5.广州市区难得一见的梨花，3月花开满枝，醉观公园的二乔玉兰花事也很抢眼。◎6.园中的清代古桥。

旧花地名园犹在，
古桥映水，园中九里香

芳村花地河畔的醉观公园前身是清末时期芳村的八大名园之一——私家园林醉观园，其主人为富商梁炽权。

至清末花地一带有大小30余座园林，其中醉观园、留芳园等8座园林成为当时广为人知的"八大名园"。日军侵华时期，花地名园遭大面积破坏，幸存的醉观园得以重新修复，1983年定名为"醉观公园"，正式对外开放。

醉观公园气质古朴的盆景园里，有一株树龄逾200岁的九里香，这株清代就开始凹造型的自然式盆景，树形舒展，野趣悠然，正如屈大均在《广东新语》中记载："九里香，木本，叶细如黄杨，花成芄，色白，其香甚烈……广人多以最小者制为古树，枝干拳曲，作盘盂之玩，有寿数百年者。予诗：风俗家家九里香。"

连接盆景园的是建于乾隆年间（约1770年）的六松园古石桥。康有为、张维屏都曾在六松园寄居，石桥因此留下过他们的足迹。古桥在战火后移至醉观公园重建，同样异地搬迁至园中复建的还有小蓬仙馆。

仙馆原是清朝两广总督叶名琛为其信奉道教的父亲叶志诜养老修真所建。后被用于兴办学堂，康有为曾在此求学。1915年，小蓬仙馆业权划归康有为，小蓬仙馆始成康家产业。小蓬仙馆当年开广州首例文物异地重建的先河。驰隙流年，恍如一瞬星霜换。九里香古树、古桥老屋成为匆匆岁月的不老遗痕。

坐亭品茗，有花香暗送；
推窗赏景，见青葱满园。
楼阁映湖、水巷交错、林
郁兰芬的不是自然，胜似
自然、步步生景的风情画，
其间的芳华园，曾是当年
拿到国际金奖的作品。

茶几盏、兰满园，
兰圃深深深几许

小巧的兰圃，其精妙之处，是以缩龙成寸的匠心，堆土成丘、引泉入涧，方寸之间，山水成趣，庭院如画。步径或峰回路转，或曲径通幽，亭榭临水傍花。

兰圃成园，是20世纪50年代初期，初是华南植物园之用地，今天鸟瞰全园，九成皆绿荫，含水体面积在内4万平方米的弹丸之地，花木品种超300种。绕园的清溪，由古兰湖水系遗存的泉眼涌出，活水滋养万物，养出满眼青葱。

除了立园之本的兰花有超过200个品种、近万盆的傲人规模之外，还有一株百岁古樟，《国家重点保护野生植物名录》中的一级保护植物水松、二级保护植物桫椤、罗汉松，名贵的乡土植物海南黄花梨（降香）、柚木，独具岭南特色的乡土植物南岭黄檀、大花五桠果、宫粉紫荆、乌桕、千果榄仁，乃至从国外引种的奇花异草，都在兰圃开枝散叶——树干上开花的叉叶木（十字架树），数十年就已长出华盖的墨西哥落羽杉，而在园林中广泛作为低矮绿篱花植的灰莉，在兰圃长成数米高的乔木，软枝黄蝉则攀上乔本的宫粉紫荆，开出一树金黄花瀑。

花木给了兰圃九成的苍翠底色，轻盈灵动的建筑设计、开合有度的园林设计，以及遍布各处的人文痕迹，给兰圃增添了一抹余韵无穷的岁月之美。

▶ 图注 Caption

1.两项国际金奖作品芳华园。◎2.步步成景的兰圃，也是游客出大片的取景地。◎3.珍贵的水松长势喜人。◎4.墨西哥落羽杉胸径已过145厘米。◎5.长成粗壮乔木的灰莉，入夏时香花满树。

图注 Caption

1-2.被浓荫围抱的芳华园,以舫和亭之间的水景为开合,产生有趣的节奏。◎3.路亭与古樟相呼应。◎4.临水的春光亭时有清风拂面。◎5.整个空间以月洞门为起,进入无尽的转承开合。◎6.同馨厅室内室外的景观收放有致。

被称为"中国第一展"的综合性国际贸易盛会——广州交易会,会址从1974年落户流花路,一直到2008年琶洲新会馆启用,30多年来,往来参加交易会的中外政要与客商,每每都是先从毗邻交易会的兰圃,领略到中国园林让人回味无穷的内秀之美。

小小兰圃,先后接待过朱德、叶剑英、董必武等老一辈党和国家领导人,以及尼克松、西哈努克、李光耀等重要国际贵宾。喜爱兰花的朱德,为兰圃留下"惟有兰花香正好,一时名贵五羊城"的诗碑,和诗碑相邻的是神采飞扬的朱德雕像,与164岁苍劲的古樟相映成趣;著名书法家秦咢生手书的"兰生香满路"就在一旁的路亭中;董必武题的"竹自具五好,兰有其四清"在同馨厅,工笔花鸟画大家俞致贞伉俪在兰圃采风后联手创作的兰惠同心图,岭南四大名园之可园的主

人、岭南画派开山祖居廉居巢的主要资助人张敬修画的兰花图……你且坐下,慢慢品。从同馨厅侧门步出,山石上的一帘瀑布上,正是著名艺术家刘海粟题的"江河水",园中可看可赏之处,多不胜数。

参与兰圃设计工作的,更是当年岭南建筑学派的顶级标配——夏昌世、莫伯治、佘畯南、郑祖良……所以,兰圃的芳华园在1983年的慕尼黑国际园艺展中荣获两项金质奖,实是志在必得。

越过江河水景区,再穿林拾阶,从照壁和花架步入芳华园,舫、亭、跌水、池,500多平方米的小院,明暗有致,处处成景。

何止是芳华园,当你穿过兰圃正门的棕竹小径,踏入月洞门,迎客松恭候路旁,兰室在望,何处不可流连?从尘嚣中,放下羁绊,静静拾时光的如兰清幽。

白云依依落山林，
万树织浓荫

广州最迷人的山水格局：青山半入城的青山，就是白云山。
从山顶回望广州城，

一半是城央，一半是青山，
它是广州城的绿色屏障。

这四季不败的绿色，
为老广提供了新鲜的氧气，以及 2200 年的岁月滋养。

图注 Caption

连绵青山，连绵城央。

广州市的山水之城的格局中的"青山半入城"的青山，便是指城市中央的、总面积21.8平方千米的白云山风景名胜区。

这个常被游客惊呼"良心门票，节假日门票还打折"的国家5A级旅游景区和国家级风景名胜区，主峰摩星岭的海拔虽然只有382米，但山不在高，有仙则灵——自秦代开始，山上修仙的郑安期与山间食之能长生不老的九节菖蒲，早已使白云山仙名在外，连大文豪苏东坡都神往无比，亲身前往寻仙人觅仙草。不只是苏东坡，凡是路经羊城广州的文人墨客，总要登临白云山探古访幽，海拔并不高的白云山，不愧"羊城第一秀"的美称。

九连山余脉的白云山群峰，由30多座山峰组成，峰峦叠嶂，溪涧纵横，登高可俯瞰全市，遥望珠江。每当暮春细雨连绵，或秋雨初霁，山间白云缭绕，蔚为奇观，正合"绿树多生意，白云无尽时"的意境，白云山之名也由此而来，是城央难得的无穷绿意。

白云山景色秀丽，景点众多，像"蒲涧濂泉""白云晚望""景泰僧归"等，均曾入列古时的"羊城八景"，是古羊城的标志性景观，20世纪60年代和80年代，白云山又分别以"白云松涛"和"云山锦绣"两胜景两度被入选为"羊城新八景"之一。

　　白云山上，曾经古寺林立：白云寺、双溪寺、能仁寺、弥勒寺等等古寺香火不竭，白山仙馆、明珠楼、百花冢等名胜古迹游人如织。每逢郑仙诞和九九重阳佳节，羊城人民更以登白云山为要事、乐事，扶老携幼倾城而出，山道上人头攒动，人人都要上山沾一沾仙气、登高转运，以求事事顺心、万事如意。

　　白云山还有着十分浓厚的文化沉淀：最早可追溯到山北黄婆洞的新石器时代史前文化的遗址；秦时郑安期隐居在白云山采药济世，最后"成仙而去"；晋代著名药家、道人葛洪曾在白云山炼丹，著写《抱朴子》这部道家名作；唐宋以后，陆续有杜审言、李群玉、韩愈、苏轼等著名文人登山吟诗；近现代抗法名将刘永福等人也曾在此留下足迹；社会主义建设初期，老一辈革命家朱德、董必武等曾留下题词，周恩来总理、陈毅副总理等曾在当时被誉为"南国钓鱼台"的山庄旅舍进行过国事活动。改革开放以后，邓小平、江泽民等党和国家领导人及国际友人也都曾在此观光并题字，为白云山这座羊城第一秀，留下了不少珍贵墨宝。

　　千百年来，白云山名胜古迹虽多，但屡经兴废，保留完整的遗存很少，近百年来，羊城历经沧桑、磨难，白云山同样频遭破坏，尤其是日本侵略者，更是将秀美云山，毁至满目疮痍，到解放时，只剩下若干坊与碑，以及部分寺院的断壁残垣尚存。新中国成立后，专门成立了白云山风景名胜区管理局，白云山才获得新生，市政府组织群众广植花木、修筑水库，开辟公路、休闲径，修建山顶公园、山庄旅舍、双溪别墅等公共配套设施，重现了白云山万木葱茏、生机勃勃的自然和人文景观。

　　经过多年的建设、经营和发展，目前白云山共有麓湖公园、云台花园、鸣春谷、摩星岭、明珠楼、云溪公园、雕塑公园、云萝花园等8个景区，景区内的景点，有3个曾为全国之最：全国最大的园林式花园——云台花园，全国最大的天然式鸟笼——鸣春谷，全国最大的主题式雕塑专类公园——雕塑公园。

　　历经百年沧桑，白云山尚有一批古树幸存，其中百岁橄榄反映了农耕的痕迹，其他则以印度黄檀、大叶榕、细叶榕为主，伟岸古树见证了古城广州百年间的砥砺前行。

　　白云山全境植被种类丰富，拥有各种植物数千种，其中国家重点保护的植物多种，如鹅掌楸、土沉香、降香（黄檀）、水松等等，目前白云山的绿化覆盖率已达95%以上，共有绿化面积4.2万亩，每天释出的氧气，可供数百万人呼吸之用，被老广亲切地叫作广州的"市肺"。

1.据传引自故宫博物院的二乔玉兰。◎2.麓湖公园的百岁古樟。◎3.山中百岁古橄榄。◎4.云台花园的细叶榕古树。◎5.国家重点保护植物——降香（降香黄檀）。

广州最高峰下，
枫香织霞古榕成荫

广州最北的从化区，是广州市森林覆盖面积最大的行政区，北回归线上的绿洲，区内温泉镇上的石门国家森林公园，公园里的动植物资源丰富，园里有华南地区规模最大的原始次生林——面积达1.6万亩，其前身是建于1960年的国营大岭山林场。

1995年石门国家森林公园正式成立，是经国家林业部批准的第一个国际森林浴场。

公园里海拔1210米的天堂顶，是广州的最高峰，上有山峰连绵、下接湖水青碧，林间草木苍翠，山谷百鸟欢歌。春有杜鹃满谷，油菜花沿湖开出金黄花海；秋有红叶漫山，冬有云海蒸蔚。

丛山间古树参天，众多古树中，以两株树分两岸、根却相连的千年鸳鸯榕最为出名。鸳鸯榕就在石壁高耸的石门入口，石门下方就是著名的石门香雪，1月香雪梅花漫野盛开，正似傲视风霜的爱情，开出地老天荒的芬芳。两树相隔盈盈清溪，根叶脉脉相握，极似天地间的一对有情人，彼此守望与扶持。所以自古以来，不知多少鸳侣情俩在这对千年古榕下，许下百年好合、永结同心的誓言，以快门定格甜蜜时光。

以满山的枫香、楝叶吴萸、乌桕、山乌桕红叶而闻名的石门红叶，是四季如春的广州独一份的红叶胜景，山中的枫香树，最年长的已长成需两人合抱的百岁寿星，当年为了这棵老枫香，石门电站特意易地而建，为枫香树守住岁月之美。

正是华南最大原始次生林留下的丰富家底，山中古树，有锥树、华润楠、樟，甚至是舶来引种的银桦，都饱吸日月精气，炼成百岁精灵。

总面积达2636公顷的石门国家森林公园，分成田园风光区、石门风景区、石灶风景区、天堂顶风景区、峡谷探险区5个风景区，或在花海流连忘返；或在山溪间看溪螈飞舞、水鸲捕食；或在古梅林下、鸳鸯榕间，定下一场地久天长的爱情；捡几枚红叶，夹在书里，随时光渐渐褪色。在这无垠的山林间，山很大，人很渺小；树很老，时光很慢。

1.石门景区入口处的著名鸳鸯榕。
◎2.深秋，老枫香树漫山转红。
◎3.老梅树开成隆冬香雪。

树种单一古荔林，变身风景如画创新公园

作为广州市古树最多的行政区，黄埔区的古树以一区之力，占了全市古树的一半还多，这个原来的荔枝种植大区，仅年过百岁的古荔枝树，就保留下了4700多棵。

黄埔区的古荔枝树，多以古树群的形式被成片按原貌保留。其中黄埔创新公园内，共有在册古树401株，以古荔枝树为主，古树树种单一，这也反映了广州的古村，常以荔枝、乌榄等单一经济作物为后山风水林构成的常规思路。这些古树，在群落的体量上是优势，物种却欠变化，导致古荔林群的整体风貌，难免千林一面。

创新公园原来叫作义务植树公园，是全国首个义务植树公园，公园里的植树区域划分为企业林、公仆林、红领巾林、巾帼林、同心林、家庭林等各个特色区域。近年随着黄埔区的快速发展，人口日渐稠密，配套的休闲公园需求量渐增，黄埔创新公园既利用了成片的古树资源，在景观的补充上，谷地又设有四季青葱的大草坪，最宜游人休憩、游娱及野餐；又设置了45000平方米的水体面积，沿人工湖种植了冬季叶子会转黄转红的落羽杉；冬有杉红，谷地又四时花海常放，近两年，创新公园数千平方米的波斯菊花海，成功惊艳出圈。

既有古荔林的底蕴，历史脉络未断，又有花海、湖泊、秋林、草坪等景观变化，再加上颇具特色的植树区域，整个公园植物群落更显得生动与亲切。

创新公园还设有运动广场和5人制足球场、缓跑径，满足居民的运动需求，集景观性、功能性、舒适性于一体，堪称完美。

对于古树群的开放利用，黄埔创新公园可谓做了个操作性很高的优秀样本，古树资源变活，与民众的距离更亲近，这何尝不是又一种润物细无声的保护与传承。

图注 Caption

1.山岗上是古荔林，山岗下是无边波斯菊（格桑）花海。◎2-4.老榕参天。

129

130

青青村落古树林，
助读乡情与乡音

在广州，除了古荔枝树遗存数量最多的黄埔区，城市化进程最慢的两大农业大区从化和增城范围，还有为数不少的古树群。一方面，我们需要保护好这些岁月留下的绿色宝藏，另一方面，如何让村民理解古树的价值，同时对古树群的人文和旅游资源进行整理和规划，让这些不会说话的绿色宝藏，给乡村发展带去新的活力，是一项颇需智慧与热情的工作，若是行之有效，将是一条永续发展之路。

从化太平镇西湖村，荔枝和龙眼的品质远近闻名，而其后山的50多株国家二级保护珍稀树种——格木，则是藏在深闺的宝贝。格木性喜温暖、湿润的气候条件。木质坚固耐用、生长缓慢的格木，被称为"铁木"，成材后是老广常用作红木家具的优良木材。成规模的格木群，现已建好了林间休闲小路，初具旅游的基础。

而新近入选"广东十大最美古树群"、占地230亩的增城永宁街龙山古树公园，是典型的后山风水林，植物群落更为丰富。修造公园后，则更有利于人们走进及走近古树群，古树也在新的开发思路中，得到更好的护理。将古树群落规划成主题公园，不仅可以有效保护当地珍稀林木资源，帮助大家理解广州的乡情与乡俗，还可以因地制宜，发展第三产业，为当地百姓创收，值得深挖。

图注 Caption

1.隐于青山的西湖村。◎2-3.西湖村百岁格木遍山生长，村落就在流溪河边。◎4-5.龙山古树公园的古树群落，树种更丰富。

131

第五章

庭院里的老风景

庭院中的古树布局，往往为建筑增几分均衡之美，又通过四季之变化，给硬朗的建筑线条，融入更柔美多姿的形与色。

在古树的选择上，广州的庭院传承着中国的传统审美，以门廊、窗棂、天井为画框，古树、假山、楼阁、花圃，一框框一帧帧皆是山水画，天大地大，都收进了这方寸之间。

广州的村落、人居，在整体环境的营造上，无论中式西式，多以对称列植的古树为中轴，一是添了庄重和生机，二是实现遮阴、降温功能，为日照时间长、平均气温较高的广州，提供更宜人的空间体验。

千年说树

白云区龙归镇南村由《爱莲说》的作者周敦颐后人建造，村中有300岁以上的大叶榕3株，周氏大宗祠里的这株凤凰树虽未入列古树，但因其花开如火、身姿雄奇，早已是远近闻名的网红树。

①

庭院里的老风景

CHAPTER V: THE OLD LANDSCAPE IN THE COURTYARD

▶ **图注 Caption**

1. 番禺三善村，古樟和古榕成林。◎2.深井古村，古树和古村都是广州人的乡土记忆。

广州人在这片土地上生生不息，早已总结出与之和谐相处的人居智慧——懂得如何利用河流、山脉、风向，甚至植被，使得人居夏得凉风、冬享暖阳，而村落、庭院，多选浓荫、寿长的树种，村前屋后，四季绿意不歇；又或者选择树形、树名寓意祥瑞的树种，日伴夜陪，赏之悦目而安心，老广，太知道养眼养心。

村口常是水口，必有汇聚祥气、供人歇脚的水口林，后山的风水林，则以长寿的经济作物为主体，阿爷种树孙享福，以保世泽绵延。

137

元代开村的花都塱头村，还保留着传统广府人居的种种特性：村落建筑呈梳式布局，村落之南，是风水塘，风水塘四周的风水林，既有美化居住环境之功，又自成一派阴凉，四季送清风送青翠，这样的村宅，越住越宜居。

耕读六百载，书香绕塱头

"红棉古树青云桥，小巷深处人家绕。书室栉比入塘影，渔樵耕读一梦遥。"这流传甚广的诗句描绘之地，正是位于花都区炭步镇中部的塱头村。

塱头村始建于元代中期，旧时此地南边有水泽（后开发成鱼塘），北边有山岗，利于农事。当时的黄氏族长便带领族人在此定居，广修田垄与屋宇。今天的塱头村内留有300多座古建筑，从半空鸟瞰，气势恢弘、看点十足。

作为历史的见证者，村中保存下来的古树大多背后有一段"古"。据村中族老的讲述，村落东边的木棉树和村后的一棵细叶榕均为村里十一世祖黄宗善手植，有近600年历史，且村中现存的黄氏祖祠也是由这位乐轩公亲自督建的。目前塱头村有4棵超过130岁的细叶榕挂牌，它们散落在街道巷口附近，宽大的树冠遮风挡雨，挺拔的树身已超过院宅。除了寿长、荫浓的榕树，象征生活红火的木棉、象征龙凤呈祥的龙眼树……这么一村祥瑞，才气人气皆灵动。

能读藏书楼里万卷书、能耕村中千顷田，历经耕读苦乐，在这方水土得到滋养的优秀儿女，带着对乡土的记忆，奔赴四方，开拓新天地。

图注 Caption

1.保持完整村落格局的塱头村。
◎2-5.村落，以大树、风水塘，以及高耸的镬耳山墙等为生风、引风的主要手段。

除了风格各异的西洋建筑可供游人认真品鉴，在沙面这个"建筑万国博览会"，100多棵上百岁的古榕、古樟、扁桃、假柿树……背后都有故事可听可叹。

珠水四周绕，
嘉木繁茂拾翠洲

　　南濒珠江白鹅潭，北隔沙基涌有一个叫沙面的小岛，是由珠江冲积而成的沙洲，古称拾翠洲。在清代以前，这里是重要的对外通商口岸。沙面的历史，是耻辱史，也是抗争史、英雄史。

　　鸦片战争爆发后，沙面于清咸丰十一年（1861）后沦为英、法租界。西方列强强行将小岛开凿了一条"界河"，自此沙面成为一个离岸的小岛，车辆、行人仅靠桥梁进出，形成了易守难攻的殖民者乐园。

　　因为有过成为租界的历史，沙面岛上至今还存在150多座风格各异的西洋建筑，今天保存完好的建筑群，大多已进行了很好的活化和养护。一幢幢整洁而华美的西洋建筑，犹如被时间封存的"万国建筑博物馆"，而那些历经岁月洗礼的古树，更是沙面岛常青不败的主人。

　　沙面岛树龄过百岁的古树逾百株，大多是细叶榕和樟树，间种有扁桃、假柿木姜子、桉树等古树。岛上最古老的树是位于沙面四街北面的一棵古樟，它萌芽时，还是大清的康熙盛年，当时沙面还未沦为租界，这位长寿的岛上居民，经历过太多的风云变幻：见证过十三行鼎盛时期的货如轮转，见证过英法侵略者强租沙面、踞守小岛自成独立"王国"。而它，在英法殖民者大兴土木时幸存了下来，20世纪初英国人修建维多利亚大酒店

图注 Caption

1.露德教堂是法国人建造的天主教堂。◎2.岛上古榕、古樟遮天蔽日。◎3.老树与古建互相依偎，不可分割。

时，它早已华盖亭亭。这株已有339岁高龄的香樟，一度饱受白蚁之害，数年前树干侧倾，经过专家"会诊"后，进行专业灭杀、修枝减重，改善土壤透气性、补充营养复壮，通过种种努力，终于保住了这棵珍贵的二级古树。

除历尽沧桑的樟树王外，沙面的榕树也颇有看头。在岛上的沙面公园里，有多棵古榕和古樟，其中东面3棵古树，相传由三位梁姓青年于1838年种下，为了保护家产不被染上鸦片烟瘾的父亲花光，兄弟三人在树下埋了不少财物。林则徐虎门销烟之后，财物

重见天日，3棵榕树已树冠亭亭、毫发未损。然而，20余年之后，沙面岛却被英法殖民者占据，直至广州解放后才回到人民的怀抱。

为了更好地保护沙面古树，2020年起，沙面古树全面交由广州市林业和园林局直接管理，并委托古树名木保护专业机构对古树进行巡查与养护。

同时，沙面也为岛上的古树都制作了"身份证"，游人可以通过扫码聆听古树背后的故事。参天的古树，与沙面华美的西式古建一样，成为沙面岛不可或缺的风景，也为历史最好的讲述者。

1.老街区、新乐章。
◎2-3.榕荫蔽日。

余荫山房的思路，有向江南园林学习的影子，但在对这片土地的理解上，创始人邬彬有着自己的思考。比如，在园中植物的选择上，最终形成了属于自己的精神气质。

⑤

红雨绿云百年荣，
山房余荫中

番禺南村的余荫山房，是岭南四大名园中古树保留得最多的一座，且园中古木品种新颖，除了照应传统的广府人居的审美趣味和风水布局的需求——如园中细叶榕、龙眼、荔枝古树，又兼顾四时景观——如炮仗花、宫粉紫荆、黄兰和蜡梅，这些花木，多是建园时种下。可以想象，山房自是四时绿树成荫、繁花长放，一如山房的始建人邬彬所述的："余地三弓红雨足，荫天一角绿云深。"这副花园门上鹤顶格的嵌字联，点出了余荫山房花如红雨、树如绿云的园林之美，"弓"即指步，主人还以"地三弓"而知足常乐以示恭逊。

明代邬氏一族在南村站稳脚跟后，延至邬彬的祖父时家业日隆，邬家渐成富甲一方的望族；邬彬19岁县试得第一，却在30岁捐官入仕，入仕第二年，官衔即从七品升到从二品，成就升迁神话。入仕第四年，以母亲年迈为由辞官，潇洒回番禺继承家产，邬家产业更臻辉煌。

1867年，仿佛是要给自己短暂的仕途安排一个完美的句号，这一年邬彬参加科举顺利中举，获得族人赠地，同年，余荫山房动工。

前后历时5年完工的余荫山房中，有一处八角临水的玲珑水榭，存有邬彬自题的一副对联：每思所过名山坐看奇石皴云依然在目；漫说曾经沧海静对明漪印月亦足莹神。四年仕旅，仿若只是为了让邬举人遍访名山、见历沧海，归来时，倚亭静对一池明月。

图注 Caption

1. 山房一侧的壮观假山群，是后人造的挂榜青山，邬彬设想的三弓小天地，因为精巧别致，游客云来，景区也在渐渐外扩。◎2.庭院中的来薰庭，呈别致的半亭，半边亭半日闲，但风致却是叫全身心愉悦。◎3.浣红跨绿廊桥，是功能性的桥，也是审美趣味上的廊和景。◎4.玲珑水榭八面水相绕，四时花常馨。◎5.山房最前列的祠堂前面，是数株建园时就种的百年古树。

今天从山房的广场步入，最前列是邬彬为祖父盖的潜居邬公祠、为父亲盖的善言邬公祠——正是祖上的余荫，给了邬举人漏夜辞官归故里的决心。公祠前面的灵龟池四周，集中种了象征儿孙满堂的荔枝（利子）树和望子成龙的龙眼树，都是建造山房时就种下的百岁古树。

不只是遍访名山的滋养，邬彬辞官从商时，正是第二次鸦片战争前后，国门被轰开，贸易和交流更加频密，南美产的炮仗花，江南园林造景常用的蜡梅，广府民居罕用的春天时粉花满树的宫粉紫荆和入夏时黄花沁芳的黄兰，这些奇花异树，多也是立园时种下的百岁古树，100多年前，邬彬可谓新潮。

百岁的炮仗花就种在邬彬会客的深柳堂之前，与深柳堂隔砚池相对的，是邬彬读书的临池别馆，深柳堂之名，套的是唐代诗人刘眘虚《阙题》一诗中的"闲门向山路，深柳读书堂"。一闲一深，山房的主人，自是身心自由的。临水这两处调性上都是端庄素雅，近看细部精美绝伦，深柳堂的木雕尤其精彩，厅内明间镶有松鹤延年的落地花罩，西次间则镶双面精雕的松鼠葡萄（意寓子孙众多）花罩，两件花罩，皆是珍品。而室内的隔扇裙板上，皆是四时花卉与锦绣文章，间以嵌有彩色玻璃的满洲窗做点缀，端秀间再添几分明丽。

池水以浣红跨绿廊桥相分，桥的另一边，接着心思奇巧的八角形玲珑水榭，莲池八角环流，水榭八面皆是景观，或赏桂，或观柳，或品梅，或看山，四时兰芬桂馥，日夜云起月升，听琴听雨，颂诗啜茗，果然是三弓之园，就能见天地。

玲珑水榭东门，兼种金桂银桂，映射金银满堂，也与邬彬父子三人先后中举折桂的佳话相扣，水榭西窗，悬以"闻木樨香否"匾额，金银木樨桂花的香，是沁脾的香，是入心的香，也是岁月的香。

图注 Caption

1. 余荫山房中最核心的建筑深柳堂门前，是两株老榆树盆景（图左侧），正合榆荫——余荫之意，返乡奉养慈亲的邬举人，一定是母亲的骄傲。◎2-3.换不同的角度看，余荫山房占地虽小，建筑却有重峦叠嶂的气象。◎4.深柳堂之静雅，需要细品，慢咽。

①

②

作为番禺区最早的公共园林，宝墨园的古树，体现了添绿、遮阳的公共性，体现个人趣味的花木虽出于历史原因不复存在，但从半空回望，无穷绿意中的亭台楼阁，便是依江展开的岭南风情画。

图注 *Caption*

1. 鸟瞰宝墨园，不远处是航运繁华的紫坭水道。◎2.宝墨园里的古榕树。◎3-4.温润的地气，滋养着这里的一草一木。◎5.鳌山古庙群。

旧园新建留古树，
倚红偎绿画阁叠千重

在番禺区沙湾镇，有一座集清官文化、岭南古建筑、岭南园林艺术、珠三角水乡特色于一体的岭南文化园林——宝墨园。宝墨园是在原包相府庙（包公庙）的旧址上重建的弘扬清官正气的公共园林，现在的宝墨园虽是后来复建之作，但其园林艺术魅力不减，故一直游客如云。

园中有让游人喜闻乐见的樱花树、荷花池、紫薇林、玫瑰园，四季鲜花不断，留存至今的5棵古树为宝墨园留下了沿承至今的百年文脉。

这5棵古树中，有4棵是200多岁的大叶榕，4棵古树在包相府庙建造前就已经存在了，它们树冠宽广，从远处望去，仿佛正张开双臂吸收天地间的精华。宝墨园内还有1棵100多岁的木棉，作为古城广州的市花，木棉与岭南文化底蕴如此浓厚的园林相得益彰。

实际上，紫坭河滋养的这方土地，因向来倚靠繁华水道，一直是古村相依、人口稠密之所。与宝墨园紧挨的三善村村口的鳌山古庙群，就由一大片过百岁的榕树、龙眼树、樟树环抱。古庙群由观音庙、鲁班庙、神农古庙、社稷神庙、报恩祠等庙群建筑组成，加上原本弘扬清官文化的宝墨园，这一片土地，几乎浓缩了乡人的所有美好愿景。这一片神灵照拂、古树笼罩的土地，你得慢行慢读，静看静赏，方得岁月之真味。

山庄旅舍的出色之处，在于建筑设计的本身，对所处的自然环境而言，建筑"藏"了起来，大自然被"请"进了建筑中，所以每一个空间，都熨帖舒服。

转角皆风景，
四时芳菲入画来

白云山风景名胜区里的山庄旅舍，年轻人觉得耳生，但其历史底蕴和建筑价值，却是值得广州人引以为傲。

山庄旅舍建于古月溪寺遗址，古寺原是苏东坡之孙、南宋太尉、右丞相苏绍箕修建的苏氏宗祠，苏绍箕百年之后，托身于这片灵秀之地，在山庄旅舍的后山，苏绍箕之墓就在高处，俯瞰山谷。山庄所在之地，今天仍被称作苏家山。

明朝后，这里改建为岭南著名的"月溪书院"，成为文人墨客会聚之地。

1962年开始，我国与各国的交往日益密切，为了满足更多的接待需求，在对外交流的窗口城市——广州选定了苏家山修建山庄旅舍。著名的岭南建筑学派大师莫伯治等人，以"藏而不露，缩龙成寸"的手法将山庄旅舍的庭院景物融入大自然，演绎出"相地合宜，构园得体，移步异景"的效果。莫伯治是当代中国建筑界广受敬仰的杰出建筑大师，广州许多独具特色的建筑如白天鹅宾馆、西汉南越王墓博物馆都由他主笔设计，以莫伯治、林兆璋等人为代表的岭南建筑学派的建筑作品，当年声誉高涨，被称为"岭南建筑之光"。1965年山庄旅舍建成后，周恩来、邓小平、陈毅、董必武等国家领导人，在这里会见了不少国内外贵宾、友人。

图注 Caption

1.山庄的门，是渡水看花似的自然步入，不以气势压人。◎2.阳光自枫香树洒入庭院。◎3.回廊里层层是绿。

151

岭南园林是岭南文化的载体之一，是建筑不可缺少的重要组成，山庄旅舍在对岭南文化的理解和表达上，体现了中西兼容、多元化和务实重效的特点。在园林的花植选材上，大师们在方寸之间巧妙布局：门口以体量宏大的高山榕为天然玄关，大气又富岭南特色；通往旅舍的步径上，参天的枫香树将视线收窄，形成幽远渐进的游览动线；沿山势往上，山庄的正门设有回廊，入口经曲径而上，老丹桂在左，老冬青树在右，入秋丹桂飘香，入冬铁冬青红果满树，一派喜庆祥和。

中庭中的二乔玉兰（玉堂春）相传由北京故宫博物院移植，枝丫虬然古意盎然，入春时紫色花朵开满枝头，如满庭团团紫气东来。

时任广东省省长的陶铸特意手植了岭南乡土植物——几乎四季挂果的阳桃、长夏香气悠远的九里香，至今生机勃发，同时山庄以明快直线条的敞廊将建筑群连接起来，又以芭蕉、禾雀花、紫藤柔化直线、增加空间变化，四时处处有无穷青翠，亭台楼阁每每开出各色花瀑，有幽香细细，有果实累累。什么时候来，都有惊喜。

溪涧里长的是白云山著名的仙草九节菖蒲，溪螅与凤蝶纷飞；山坡上尖叶杜英、白兰花已长至五层楼高，从初夏开始，芳香不断，蜂蝶不竭。后山锥树早已参天，入冬松鼠以锥果囤粮过冬……因为在设计时已开始与山林和谐相处，山庄旅舍，处处是鲜活的大自然之画。

笔笔宁静，处处有情。

图注 Caption

1.以大树收心，以远山望景。◎2-4.利落的直线条，以最安静和简洁的美，来表达繁花和浓荫。◎5.白云山最早以菖蒲而名动天下。◎6-7.丹桂、玉堂春、铁冬青，越是够年岁，越是能镇得住气场，成为画中的主角。

第六章 名人相伴的旧时光

2200 多岁的古城广州，这座交流与开放持续不断的口岸城市，也是中国民主思潮最早萌发的一片土壤，作为引人注目的中国民主革命策源地，大量烙下时代印记的古建散落在古城各处。

作为交流、对话的重要口岸，古城广州，也是见证友谊、合作的窗口，在广州，巨人握手，留下星光熠熠的名字。

那些见证过时代风云的古树，它们的故事，同样精彩绝伦。

千年说树

名人相伴的旧时光

CHAPTER VI : THE OLD DAYS FALLEN BY CELEBRITIES

农讲所
红色学宫兴农运，木棉磅礴点星火
/
洪秀全故居
洪秀全手植龙眼，顽强存活百年
/
邓世昌纪念馆
邓世昌手植苹婆，延续英雄血脉
/
黄埔军校旧址纪念馆
伟人窗前白兰，军校百年老树
/
中山纪念堂
伟人纪念地，古树生长处
/
广东温泉宾馆
温泉好养有情树，傲霜红梅更觉春光好
/
华南国家植物园
大城名园，中外友谊见证地

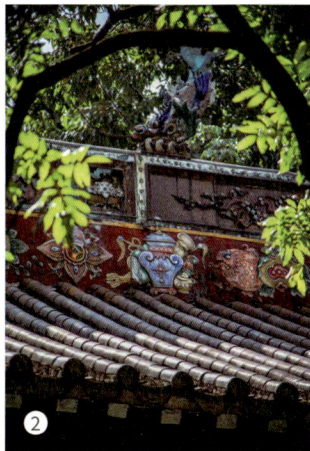

▶ **图注 Caption**

1. 印在红墙上的光阴。◎2.农讲所的倚翠偎红封印在时光里。

建城 2200 多年的广州，是千年海上丝绸之路从不锁关的贸易重镇，在漫长的岁月长河里，又是远离政治权力中心的逐放之地，常有在政治倾轧中被发配的文豪羁留，被这里的人情风土滋养和抚慰。

近代百年间，开风气之先的广州，成为中国民主革命的桥头堡、对外交流的南风窗。

时代留有伟人的音容，曾陪伴过他们、予他们天地一片清凉的古树，藏着时间的密码。

1

2

3

4

⑤

红色学宫兴农运，
木棉磅礴点星火

　　古朴庄重的红墙之内，古树虬然、建筑静美，这里是明清时期广州三大学宫之一的番禺学宫（孔庙），作为施行礼乐教化、培养儒生秀才和祭祀孔子之地，此处学宫，自明洪武三年（1370）启用后，历经几番火灾后原址复建，一直沿用了500多年，是目前广州地区仅存的一座形制完整的学宫。

　　明清时期，番禺学宫是当时番禺县（广州城东的旧称）的最高官办学府，与德庆学宫、揭阳学宫并称"广东三大学宫"。只有通过院试成为秀才的学子，才有资格进入这处"岭南第一学府"学习。不少德才兼备的优秀学子，如"明末岭南三忠"之一陈子壮、广东状元庄有恭、著名爱国诗人张维屏、岭南大儒陈澧、清末维新派重要人物周汝钧等人杰，就是从番禺学宫走出，奔赴更远大的理想。

　　第一次国共合作开始后，国民革命运动迅猛发展，为了配合即将进行的北伐战争，发展全国农民运动，1926年5月至9月，毛泽东任所长的第六届农民运动讲习所迁至番禺学宫，周恩来、萧楚女、彭湃、恽代英等共产党员任教员。

　　在第六届农讲所办学期间，毛泽东主编了一套书籍为农民运动提供理论指导，并亲自授课。他讲课理论联系实际，深入浅出，很受学员欢迎，这些学员后来大多成长为农民运动的骨干，在南昌起义、秋收起义、广州起义等运动中，农讲所师生都做出了巨大的贡献。如今，所长办公室、教务部、庶务部、军事训练部、课堂、学生宿舍等，都已按原貌还原。

图注 Caption

1.多少学子，越过这面红墙奔赴理想。◎2-5.学宫内古树参天。

①

1953年，番禺学宫的"毛泽东同志主办农民运动讲习所旧址"纪念馆启用，周恩来同志题写了牌匾，纪念馆先后被确定为全国重点文物保护单位、全国红色旅游经典景区。番禺学宫，自此又常被老广称作"农讲所"。

崇圣殿门口这棵213岁的古木棉，是农讲所现存最老的古树。高大的古木棉树，见证过广州这块民主革命的先行之地，200年间的风起云涌；也陪伴着毛泽东同志在农讲所孜孜以求、诲人不倦的时光，亲睹过农民运动的蓬勃发展。春天盛开时，红花如炬，霞落枝头，气势磅礴，作为英雄树，木棉生长在这样一处彰显红色精神的革命故地，真是再合适不过。

除了巍峨的古木棉外，农讲所内还有几株古树也都有着美好的寓意。离古木棉不远，有一棵193岁高龄的雄壮龙眼树，龙眼龙眼，入得帝王之龙眼、高中榜眼，在这饱含祥瑞之意的龙眼树下，学子们摘下甜美的果实，入喉的是甜美的滋味，入心的更是对实现理想抱负的美好寄愿。

农讲所大成殿屹立着一棵百年铁刀木。此树坚硬异常，刀斧难入，蚁虫都难以伤它分毫，故得名"铁刀木"，这棵138岁的古树，萌发之时，正是旧中国罹受内忧外患最困之时，以铁刀木立志，自能鼓舞学子自强不息，以不屈之精神，深深扎根、茁壮成长。

农讲所内，还有一棵138岁的假柿木姜子树。高大挺拔、树姿优美的假柿木姜子，是常被运用在岭南园林中的乡土树种。暮春开花时，一簇簇玉色的花簇缀满枝头，素净淡雅、暗香浮动。

在高楼林立的城市中心，漫步在这样一片写满时代印记的古建筑群中，树影斑驳，时光也在顷刻间慢了下来。

这座旧时村落，因拔过清王朝的逆鳞，数次被锉骨扬灰，难觅踪迹，只留下几株古树，跨越时代依旧葳蕤。

人说，树木兴旺之处，必是人安居乐业之所，从历史长河的维度来看，何尝不是？

③

凡草木蓬勃之地，
自有梦想与抱负茁壮萌发

都说"人非草木"，当草木与伟大的历史人物、英雄俊杰相关联时，人们又往往会对草木产生拟人化的情感指代，草木，就不再仅仅是草木，而是承载情感充满了传奇色彩的图腾。在广州市花都区，就有这样的一棵传奇神树。

与它相关联的历史人物，就是在全国范围掀起农民起义、给予腐败的清政府沉重打击的洪秀全（1814—1864）。洪秀全生于广东花县福源水村，未几，举家迁到官禄布村，即今天的广州花都区新华街新华路，在这个客家村落居住了30余年，直至四次府试落第后，创办"拜上帝教"，开始出游天下，投身席卷全国、轰轰烈烈的太平天国运动。作为太平天国运动的领袖、太平天国的缔造者，洪秀全领导的太平天国农民运动，在中国近代史上留下了不可磨灭的一页，是近代中国民主革命的一个重要里程碑。

太平天国运动失败后，洪秀全成长的这个村落，被清政府数次举兵血洗九族，九族尽戮村舍尽毁，仅余洪秀全族弟洪仁玕故居的一截墙基，以及房前屋后的古树得以幸存，而同乡冯云山的故居，更只余下一片地基，庭院则片瓦不存、寸草不生。

1961年，洪秀全故居的断瓦颓垣，得以复原重建，并被保留至今，在故居的风水塘前，有一棵形状如盘龙的龙眼树，相传是洪秀全于青年时期亲手种植，经人杰加持，这棵龙眼古树，被镀上时代的荣光。除了这棵龙眼树，故居内还现存多棵古树：洪仁玕故宅前的心叶榕1棵，以及散布在故居各个角落的细叶榕、樟树、人面子古树各1棵。鸟瞰村落，一排排的简朴夯土泥房，掩映于古树婆娑的绿荫中。

图注 Caption

1.洪秀全手植龙眼树。◎2.洪仁玕屋前的心叶榕。◎3.从高空望去，洪秀全一族虽遭灭族之灾，但时代车轮向前，旧时村落已繁华异常。

图注 Caption

1-6.古樟、古木棉、古人面子，在这片热土上生生不息，夯土房、乡土经济树种……这贫寒的客家农村，给出一个个人人平等仁爱的可能性。

相传，在太平天国运动宣告失败的同一年，洪秀全手植的龙眼树遭遇雷击，电光从树中穿过，龙眼树被劈成两半，一度奄奄一息，冥冥之中与时局神奇相扣。不同的是，这棵曾经被宣告"死亡"的神奇龙眼树却大难不死，奇迹般地在雷击之后萌发新枝、最终满血复活，以强大的生命力，长成今天这般如青龙腾飞的姿态，堪称人间奇迹。

1961年，诗人谢觉哉在参观洪秀全故居时，即兴赋诗一首：天王理想今日现，扫尽不平才太平。留得千载龙眼树，年年展眼看分明。此诗后来发表于《羊城晚报》，广为流传。

1994年，洪秀全故居成为广州市首批爱国主义教育基地，而他手植的龙眼树，这被人格化、承载着绵长岁月故事的传奇古树，也成为游人必看景点。

①

②

保國衛民

甲午初秋威海漁民敬獻

鄧公世昌　德政

③

④

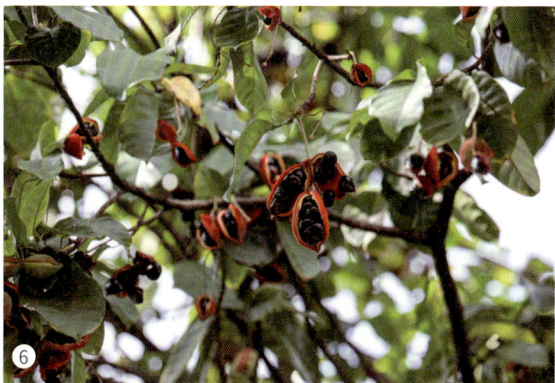

凤眼果主人为国之龙凤，护国丹心世代赓续

"此日漫挥天下泪，有公足壮海军威"，1894年，"中日甲午海战"爆发，为捍卫祖国尊严，民族英雄邓世昌壮烈殉国，举国震哀，于是有了这一副挽联流传至今，人皆能诵，以悼英雄。

在以身殉国100多年后的今天，邓世昌出生成长的地方——广州海珠区宝岗大道龙涎里2号（邓世昌纪念馆）的花园里，那株邓世昌年少时亲手植的苹婆树，已成为百年古树，并且传承三代了，连盆栽的子树也已茁壮地成长，一代一代地生根发芽，开花结果。

邓世昌纪念馆的主体建筑是邓氏宗祠，邓家后人居于旁，每一代人都注重维护这株苹婆树。

1991年，邓世昌手植的那株苹婆树被台风刮断，只剩下一桩树头，经过多方悉心护理，一年后，残剩的树头竟抽出了新芽，生机蓬勃，至今已枝繁叶茂。

省级岭南盆景大师周炳鉴也一直关注着古树的状况。1991年那场台风，他看到被风刮倒的苹婆老树，深觉惋惜，便将其中的断枝通过专业手法插在基质中养护。经过精心护理后，苹婆断枝终长成珍贵的观果盆景，开花、结果。1994年，邓氏宗祠重修并成立邓世昌纪念馆，周炳鉴将这株苹婆盆景送给邓家后人作为纪念。

此后，周炳鉴潜心培育百年苹婆树的子树，用老树断枝扦插，精心培育，又育出几株"邓世昌手植苹婆树子树"。其中一株，在2002年由时任甲午战争博物馆馆长戚俊杰带回山东威海刘公岛，移栽于当年北洋水师基地。

而在距离纪念馆不远的邓世昌纪念小学内也有一株"邓世昌手植苹婆树子树"，成了同学们的"立志树"，少年立志，少年强则中国强。

英雄邓世昌虽身已千古，但他赤诚的爱国之心与忠义精神，便如这株他亲手种植的苹婆树般，家国情怀的基因生生不息，"为天地立心，为生民立命，为往圣继绝学，为万世开太平"的信念代代相传。

图注 Caption

1-3.邓世昌邓公便在邓氏宗祠这一带成长，立下报国志。◎4.古樟婆娑。◎5-6.邓公手植的苹婆树，乡人又叫它凤眼果。

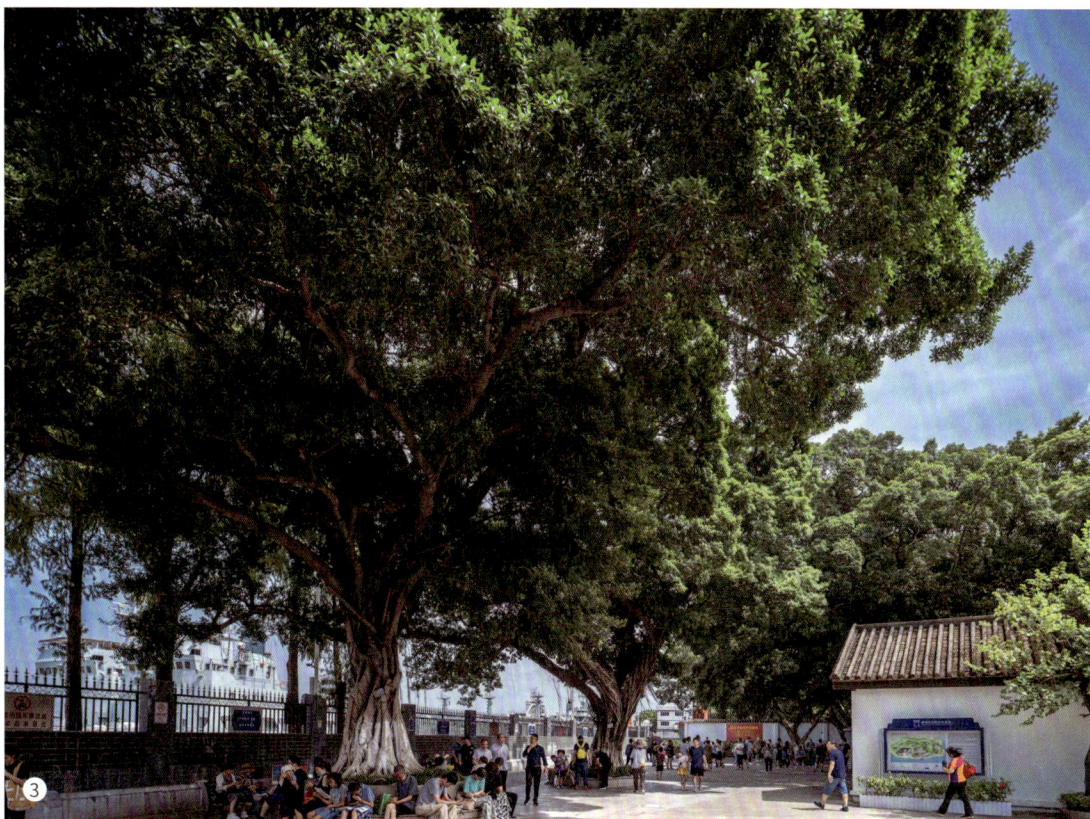

一座黄埔军校，
百年育才种德福荫

图注 *Caption*

1.若论天地钟灵毓秀，黄埔军校自得天地厚爱，仅军校一处，就拥有在册的古树名木达18株之多。◎2-3.无处不在的古树、大树，为昔日英气勃发之地，又添了几分庄静之美。

辛亥革命后，无论是声讨袁世凯的讨袁护国战争，还是讨伐北洋军阀的护法战争，甚至是旧部陈炯明的叛变，孙中山在反帝反封建、探索共和新道路上接连遭受重创，危难之时，中国共产党、苏联和共产国际伸出援手，建立国共合作统一战线，帮助孙中山创办军校，培养民主革命的武装力量。

1924年6月16日，在广州黄埔区长洲岛，清代陆军小学和海军学校校舍的原址上，"陆军军官学校"正式成立，因军校建于广州黄埔岛上，以地名通称，这就是大名鼎鼎的黄埔军校。孙中山兼任军校总理，在此担任教职的国共两党的精英人杰，多不胜数。

全校师生立志"救国救民"和"统一国家"，为国家和民族找寻光明出路。从此，黄埔学子登上了波澜壮阔的历史舞台，将星辈出，在中国近代战争史上，铸下浓墨重彩的一笔。

④

1984年6月16日，黄埔军校建校60周年，黄埔军校旧址纪念馆成立。旧址内，有一幢砖木结构的两层小楼，是为"孙总理纪念室"，因孙中山在黄埔军校开办期间，曾多次在此办公，这幢两层的洋楼，又被叫作"孙中山先生故居"。此楼原是清代粤海关黄埔分关，1924年，孙中山创办黄埔军校时，此楼划归军校使用。孙总理纪念室成为军校史迹主要展览场所。

小楼阶前，古树葱郁，最引人注目的是屹立于故居前方一棵树龄为145岁的白兰树，这棵至今馨香满园的白兰树，比中山纪念堂正门两侧的树还要年长，高大茂盛、枝叶舒展覆至楼顶，深绿树荫掩映在孙中山伏案办公时的桌边与休憩时的枕畔。早在1924年之前，这棵白兰树便已为孙中山拂拭过仆仆风尘，那是1917年7月，为维护中国首部反封建反专制的民主宪法，孙中山携廖仲恺、朱执信等人率舰队出征，途中就曾在此留宿。

粗壮的白兰古树，树干之上分成两大枝，各据一方茂盛生长，树顶的枝叶却又密密纵横交错、枝枝相连，犹如分开后的握手言和，度尽劫波兄弟在，相逢一笑泯恩仇。

军校内尚存有细叶榕、木棉、芒果等一众古树十余株，校门口两株200余岁的细叶榕，浓荫如华盖。春来200余岁的木棉花如火烧，入夏百岁的芒果果实累累、白兰花香袅袅，株株古榕织成绿色帷帐，整座校园笼罩在岁月的浓荫之中。

今天，陪伴过伟人的145岁白兰树依然四季青绿，洁白花朵盛开时，清香四溢，沁人心脾，一如孙中山先生和无数对民族大义、爱国情怀有着矢志不渝志向的黄埔先烈，常青不败，万古流芳。

▼
图注 Caption

1.陪伴孙先生的白兰古树至今吐露清芬。◎2-3.通往校园的步径上，多少中华好儿女穿过古树的浓荫，为保家卫国，奔赴山海。◎4.凭栏凝望，可曾触碰到当年寻找光明的眼眸。

④

以伟大建筑作永久纪念，
古树添新绿，岁岁有繁花

图注 Caption

1-3.细叶榕成林。◎4.两棵不同时期种下的白兰花，却长成两朵形状对称的绿云，静静守护。

越秀山南麓，一座宝蓝琉璃瓦、气度恢弘的会堂式建筑矗立在重重绿荫中。

清代，这里先后是抚标箭道、督练公所的所在，民国初年改为广东督军署、广州军政府，1921年孙中山在广州就任中华民国非常大总统，将总统府设于此，1922年毁于陈炯明发动的兵变。1925年孙中山逝世后，为纪念他的伟大功勋，翌年国民党第二次全国代表大会决议"以伟大之建筑，作永久之纪念"，在总统府原址兴建中山纪念堂。

这座融中西建筑之美的伟大建筑建成已近百年，而周边古树簇拥，为纪念堂更添庄严静穆的气象。古树中最为出名的，当数东北角353岁的古木棉，这棵每年春天开出漫天花火的高大木棉树，是老广心中的木棉王——在全国范围内投票的"中国最美古树"评选活动中，这株"木棉王"由老广齐心助力，一举摘得"中国最美木棉"美誉。

中山纪念堂主体建筑的左右两侧，是冠幅巨大、逾百岁的两株白兰树。花期近全年的白兰花，形体舒展、花香氤氲。建堂之初，原址上原本只在西侧长有老白兰树，为配合中山纪念堂对称式总体布局风格，又补种了东侧的白兰树，两株白兰树，渐渐竟长成了大小一致、形态近似的对植景观，倍添庄重之美，犹如绿色卫士守护纪念堂。

白兰实则是木兰一家自然形成

③

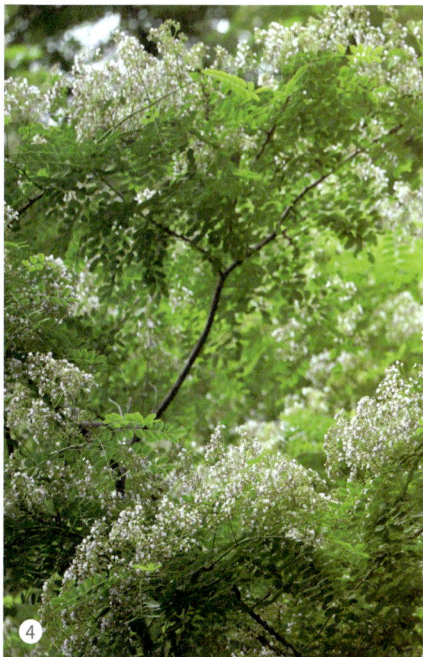
④

图注 Caption

1.闹市中的永恒之美。◎2.生机勃勃的百岁白兰。◎3.白兰花，就这样悄然立于枝头，暗香悠然。◎4.南岭黄檀繁花满树。

的杂交品种，难以自然结果、繁殖，如此长寿的白兰古树，原本就格外珍贵，2022年两树竟罕见地同时结果，一时传为佳话。

在中山纪念堂园区东南角，还有一株171岁树龄的细叶榕，气根丰富，经年累月的生长过程中，根成为枝，枝上又生根，枝叶扩展，郁郁葱葱。其细小多汁的果实为鸟类钟爱，在榕树上饱餐又在榕树上畅快大解的小鸟，无意中又充当了榕的播种天使。日积月累，常会看到像这一片榕树这般，树上长树，渐渐形似稠密的丛林，这片小丛林覆盖面积超过1300平方米，独木成林，长成了小鸟们最爱驻足的乐土，是闹市中名副其实的小鸟天堂。

中山纪念堂的绿地内，过百岁的细叶榕古树共4棵，过百岁的大叶榕有2棵——位于中山纪念堂南门至主体建筑之间的西侧园道边，有一棵特殊的大叶榕，是树龄105岁的百年古树，其地根外露，根茎高0.5米，根长4米，宛如一条蛟龙游戏于树下，因而此树得名游龙休憩。榕最是长得枝繁叶茂，仅这6棵古树，已为中山纪念堂添出半边绿云。

在木棉王的西侧，有2棵已过百岁的南岭黄檀（秧青），这是黄檀家族极为勤勉的乡土成员，不但耐旱、耐涝，广西、云南、喜马拉雅山东部都可生长。树形优雅的秧青，遮阴效果出色，原是优秀的美化园林树种选择，现在却为濒危物种。百岁高龄的这一对，也就格外难能可贵。

中山纪念堂这座伟大建筑，果然相伴其侧畔的，都是有故事的神仙树。

温泉滋养有情树，
傲霜红梅更觉春光好

广州从化，拥有世界上唯二的珍稀含氡苏打温泉，从民国时期就引各界人杰扎堆抢地修别墅，当时的从化温泉，更似特权阶层的度假胜地。

20世纪50年代开始，坐落在流溪河边、白石山下的广东温泉宾馆开业广迎中外宾客，到20世纪90年代，接待过多位国家领导人，外国元首、外国代表团，接待过不计其数的国内外知名人士。

广州是中国的南大门，新中国成立初期百废待兴，周恩来等国家领导人，往往以广州为原点，促交流、交朋友，新朋旧友引来广东温泉宾馆，河水澄碧、荔果红艳，温泉涤尘、清茶暖心，就这样，朋友越交越多。

广东温泉宾馆的设计，仍是岭南建筑师的群策群力，巧借原生的好山好水，建筑线条轻快，简洁大方；外有流溪河，沿河便建有观景长廊；内有山水盘绕，耳中便只听得鸟啼与溪鸣。

植物则多用乡土植物——枫香红时已入秋，玉兰花开春将至；木棉沿江列植，春来似火；空间依势而造，云常出岫。周恩来总理曾八次入住广东温泉宾馆的翠溪楼，翠溪楼前，留有周总理手植的宫粉梅花和陈毅元帅手植的蜡梅各一株；1960年，刘少奇、邓小平、陶铸三位领导人在松园调研时，与广东省温泉宾馆的员工一起种下1株圆柏。

据说陈毅元帅种完蜡梅，还留下诗句："看罢瀑布天色晚，缓缓戴月走溪沙。"铮铮铁汉的月下闲情，何其难得。而每年隆冬将尽，人人都在挂念总理种的宫粉梅花可开好了？

花影重重、花香盈盈的总理梅一开，满山满江满眼的春天便来了。

图注 Caption

1.流溪河畔的温泉核心区。◎2.山中温泉滋养着四方友谊。◎3.总理手植的总理梅就在温泉宾馆内的翠溪大楼前。◎4总理梅寒冬开满枝头。◎5.秋来水如蓝。

大城名园，
友谊之树荫已成

图注 Caption

1.朱德手植的人面子。◎2.泰国诗琳通公主种下的含笑树。◎3.西哈努克国王种的中国无忧树。◎4.阿富汗国王种下的红花天料木。

位于广州市天河区的华南国家植物园，不但体量庞大，更以优美的景观和丰富的科学与人文内涵，吸引着无数游客慕名前往，不少国家领导人在植物园留下了美好的印记。

我国开国元勋的十大元帅之中有八位元帅都到过植物园参观，其中朱德和叶剑英还亲自植树，为植物园助力，朱德先后两次到访植物园，亲手种下乡土树种——青梅树和人面子各一株，如今都长势喜人，树冠如华盖。叶剑英同志于1980年手植的木棉，树身笔直，花开时红火夺目。而老一辈无产阶级革命家董必武也曾在1965年到访植物园后，在园内植下青梅树一棵。这种原产于海南的易危级别植物，是极好的木材来源。

同时，各国领导人、国宾也都在植物园留下了友谊的印记：1964年10月，阿富汗国王穆罕默德·查希尔·沙阿和王后访华，同年11月抵达广州，其间参观了华南国家植物园，盛赞植物园美丽的景色，并亲手种下了象征两国友谊的红花天料木。当年的一株幼苗，如今已是年过半百的参天大树，树干通直，枝叶茂密。

此外，新加坡前总理李光耀、柬埔寨国王西哈努克等重要外宾都曾在植物园内种下树木以做留念，这些树木在园内工作人员的细心呵护下，都已绿树成荫，铭刻下悠悠岁月、脉脉深情。

这些友谊树的选择，都充分考虑到这些树种的生长适应性，以及美好的人文含义，比如，西哈努克国王种下的中国无忧树，一方面体现佛教上的渊源，另一方面考虑到无忧的正向含义。又比如，李光耀选择的海南红豆，除了树形优美之外，还考虑到它的红色种子，象征着真诚的友谊。

所以，华南国家植物园不只是展示奇花异草的科普场所，还是承载友谊之桥梁、情感之纽带。

第七章

古城里的绿宝藏

广州的古树是历史载体，也是老广的集体财富。

它们保护得是否合理，也意味着我们能否将这笔财富保存更长久。

让更多人认识这些绿色宝藏，读懂它们年轮中的千年文脉。同时，明晰我们肩上的责任，歌之爱之呵护之，古树笼翠烟，古城焕新彩，留给后人一座肌理丰满的千岁广州城。

千年树说

第七章

古城里的绿宝藏

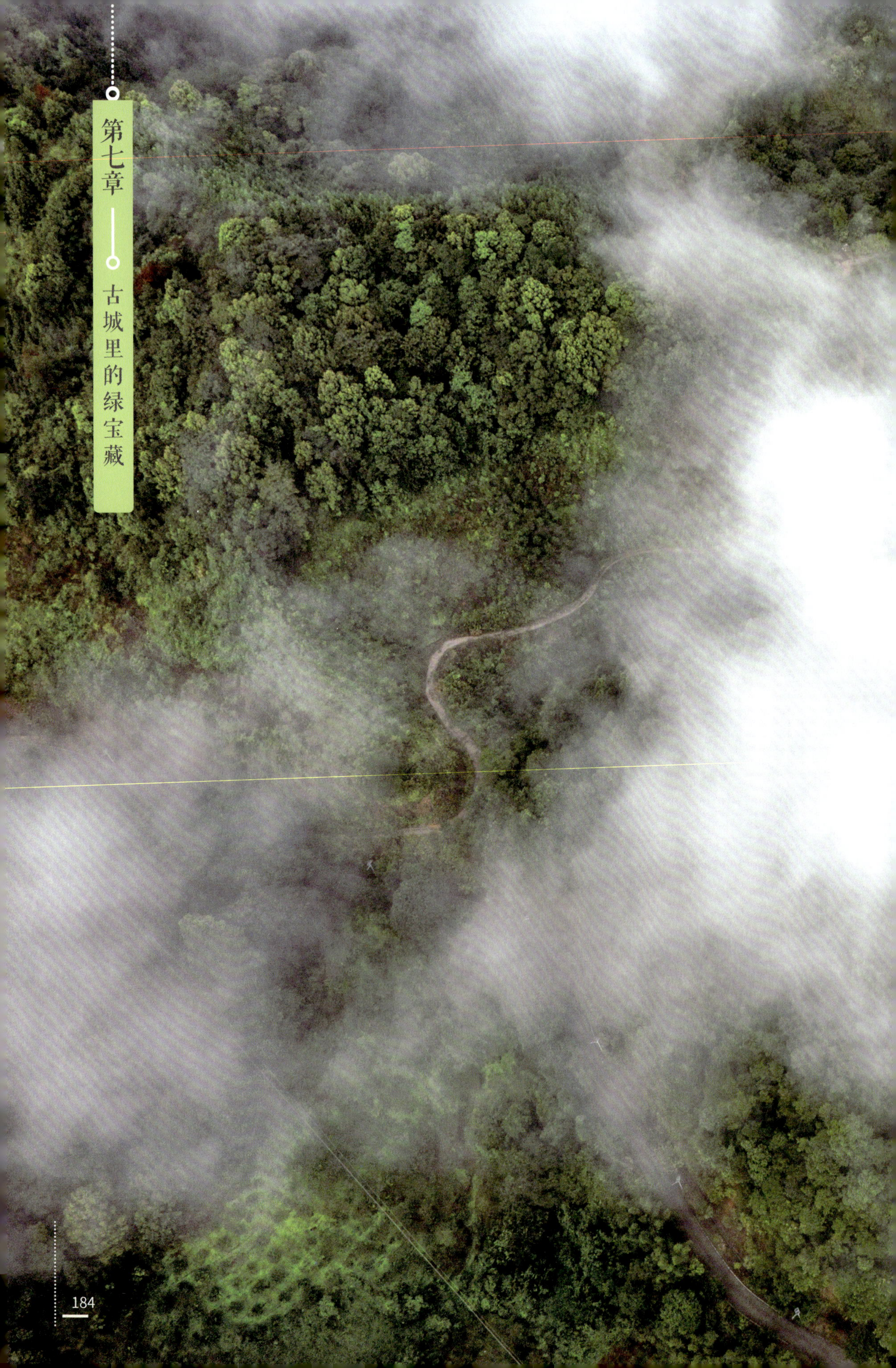

用古树，画一座古城的肌理

广州这座千年古城的面貌，除了老天赏饭的傍城青山、穿市珠水，这接山入海、天生丽质的秀美胚子，古城之魅，还在于独具特色的古建、古俗与古树。

四时姹紫嫣红、无处不飞花的花城，它的底色，先是古树之绿，团团如华盖的绿、铺天匝地的绿，才是一座古城的底气。

所以，广州人记忆中的广州城，远在三角梅织出玫红飘带时，就先有了环市路上黄叶落尽、新绿勃发的一排排大叶榕，车流如织，而春色扑面而至。

梅雨抵达之后，地砖上是蒙蒙的水汽，此刻宫粉紫荆开出满城粉与白的繁花云霞，人在花霞中漫行，一路听得鹎鸟在花枝啼唱。

而高大的木棉树已开成漫山漫路的团团火炬，广州人一定会打卡拍照跟你说：这高大的英雄树的花是广州的市花。你才会拍额想起，这座搞经济很行的2200多年商都，还是红色革命的发祥地。

图注 Caption

1.白云山的木荷林已参天。◎2.增城的木油桐林沿山势布列。◎3.环市中路上的大叶榕。◎4.越秀山上的古木棉之路。

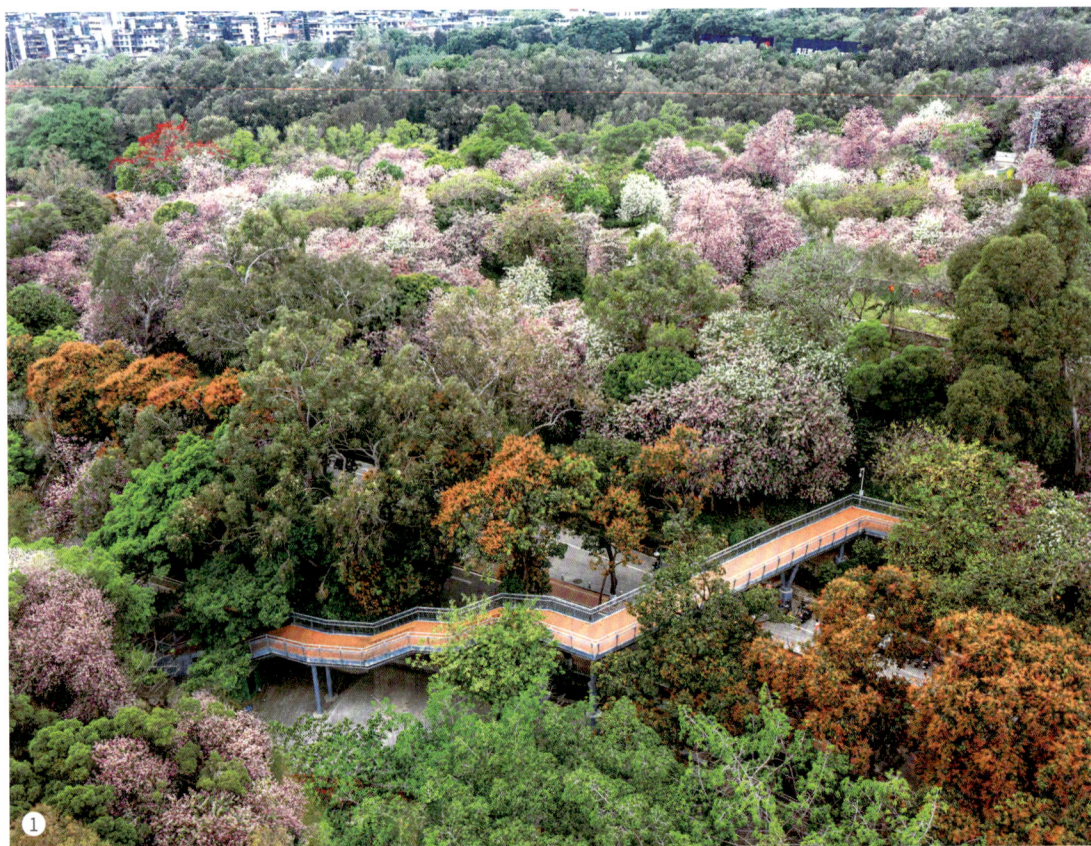

图注 *Caption*

1.半城新绿半城花。◎2.满城尽带黄金甲。◎3.无边的红树林。◎4.大榕树在广州各村，见证一村的欢乐。

　　春到谷雨，春山新绿深绿几重，防火林中的主角木荷树，正织出一团团雪白的入夏之雪，洁白的木荷花，带着清芬，一朵朵落在路旁，那是一条被清香的夏雪零落铺满的山路啊，你踏过时，便仍是那位着白色短袖的少年。

　　盛夏的海边，水鸟在红树林里觅食，傍晚群鸟于霞光里归于榕林；深秋的山间，倭花鼠囤着百岁锥树的锥果；农家院里，百岁的南酸枣已渍好，百岁的万寿果正甜香，满山是枫香、乌桕、楝叶吴萸织的黄橙红紫，远山千重，鹧鸪声里是城郭。

　　这山这水，还得有这些吃得了岁月之苦、守得了这方水土的古树，它们都是这片湿热土地上物竞天择的精灵，和它们对话的，是悠悠岁月，是一代又一代的广州人。

⑫

看得到的参天古树，
看不到的千磨万炼

图注 Caption

1.从化麻村，被雷电击中死去的秋枫。◎2.南海神庙被雷击中的古木棉（左侧）。◎3.从化高沙村，遭雷击而死的古树。◎4.寄生植物：榕树上的异叶爬山虎。◎5.寄生植物：风藤。◎6.寄生植物：圆盖阴石蕨。◎7.寄生植物：薜荔。◎8.虫害：噬虫。◎9.比蟀的若虫会吸食嫩叶的汁液。◎10.虫害：榕透翅毒蛾。◎11.虫害：吹棉蚧。◎12.村民相信神仙住在树洞里，香火熏伤了古树。

每一棵见证沧海桑田的古树，都是历经九九八十一难方修成正果的精灵。建城2200多年间，向来看重经济账的广州人，对古树资源从最初的无序开发，到解决温饱后，对绿水青山、家园乡愁再一次的情感回归，广州人下决心要像爱护眼睛一样，把万株古树保护好管理好，从思想到方式方法，何尝不是千磨万炼地砥砺践行。

每一棵古树，从萌芽到参天，到底经历了什么？

首先，广州多雨、潮湿的天气，树根容易滋长真菌、引发根腐病，烂根后，树木就会走向衰亡。

广州的长夏，木秀于林、高大挺拔的古树，最易遭受雷击，像南海神庙里200多岁的木棉，遭雷击后元气大伤，与对植的另一株同岁的木棉状态相去甚远；又如从化古村麻村的一株古秋枫，遭遇雷击死去，高大的躯干成了小叶榕的乐园。

另外，台风过境时，树冠巨大的榕树，容易树倒而毁房、伤人。

所以，每年园林系统的工作车，会在冬季大树代谢最慢的时候，为易受风灾的大树，实施贴心的"洗剪吹"服务，修剪过的大树，以更强健的体魄迎接来年台风季的洗礼。

越秀、荔湾、海珠等老城区古树的绝对C位——细叶榕，除了预防风害，还要为这些古树宝贝跟病虫害、寄生物斗法：首先要防治病虫害，像榕木虱、吹绵蚧、榕透翅毒蛾、朱红毛斑蛾、白盾蚧、榕管蓟马……虫害会轮番上阵；槲蕨、圆盖阴石蕨、异叶爬山虎、薜荔、桑寄生、槲寄生等各种寄生植物也会争夺古树的阳光与养分，古树保护工作，需绣花般细心。

有些树种因自身的短板而渐被淘汰，如历史上本地区的优势树种马尾松，当年被认为全身是宝，却极易感染难缠的病虫害（如松材线虫），加上松含油量高易引发山火，种种原因叠加，故广州的马尾松古树目前仅在番禺等地零星分布，这是自然选择和人为规划的结果。

1

2

3

4

92

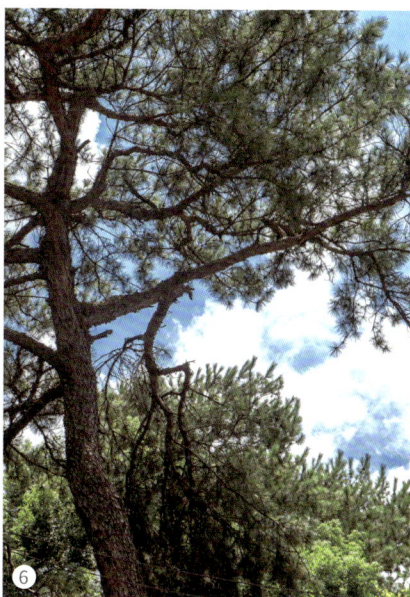

图注 Caption

1.榕根与房屋争夺生存空间。◎2.生长偏冠。◎3-4.道路上及民居间的古树，往往生存环境堪忧。◎5.番禺这棵200多岁的桂木因在私人经营场所，立地条件不佳。◎6.马尾松的古树已经不多见了。

而日照时长、风向、营养不良、排水不利，以及古树在同一立地土壤上生长时间过长、土壤养分被耗尽等原因造成的偏冠、倒伏等状况，同样影响到古树的美观与健康，需要进行复壮与矫形。

除了来自大自然的伤害，在城市化进程中，人为的伤害同样是古树需要面对的重大考验：南沙东里村715岁的榕树，原是古道上庇佑村民的重要风水神树，现在四向皆有建筑物隔阻阳光和空气对流，有损古树的健康；而番禺的凌边古村，700多岁古樟树曾意外被熏伤；20世纪80年代以前，快速都市化的过程中，大量地面硬化、古树的立地环境恶化，同样也会危及古树健康。

自20世纪80年代开始，广州市园林主管部门多次对古树资源采用遥感影像、文献查阅、实地走访等多种形式开展了地毯式的普查，对收集到的古树的立地环境、健康状况，以及背后的人文故事，进行了详尽调查，按"一树一档"的要求，逐步建立起广州市古树资源电子档案，对市内每株在案的古树精准定位，以实现动态管理。从《广州市绿化条例》到《广州市古树名木迁移管理办法》，法规、条例也日渐成熟和完善。

保护古树要软硬兼施，"软"要从理解古树与古村、古城相依存的背后文脉，"硬"要摸索出一套行之有效，又对生态环境友好的技术和方法。广州已正式建立起了"树木医师"专家团队，对古树定期体检，并对树木的"疑难杂症"进行判别剖析，制定科学的救助复壮办法。

而一些体现村落历史文脉的古树聚落，也通过成立古树公园的方式，触发大家与古树之间更紧密的连接，一起走近古树，聆听历史。目前，广州市已拥有古树公园10个：黄埔区创新公园、增城区龙山古树公园、白云区彭加木公园、花都区水口营格木林公园、越秀区中山纪念堂、越秀区东山湖公园、天河区天河儿童公园、南沙区大岗公园、海珠区晓港公园、荔湾区沙面古树公园，无不是了解在地历史文脉的窗口。

在读懂古树的这条路上，我们要走的路，仍是漫漫修远。

全书树木名称检索①

俗名	中文正名	拉丁学名
薄姜木、乌甜、莺歌	山牡荆	*Vitex quinata* (Lour.) Will.
救必应、红果冬青	铁冬青	*Ilex rotunda* Thunb.
/	白花鱼藤	*Derris alborubra* Hemsley
赤叶柴、孤坟柴、斗登风	格木	*Erythrophleum fordii* Oliv.
宫粉紫荆、弯叶树、羊蹄甲、洋紫荆	宫粉羊蹄甲	*Bauhinia variegata* L.
相思格、孔雀豆、红豆	海红豆	*Adenanthera microsperma* Teijsmann & Binnendijk
/	华南皂荚	*Gleditsia fera* (Lour.) Merr.
孟买蔷薇木、孟买黑檀、泰国山扁豆、黑心树	铁刀木	*Senna siamea* (Lamarck) H. S. Irwin & Barneby
茶丫藤、黄类树、水相思、南岭檀、紫花黄檀、思茅黄檀、南岭黄檀	秧青	*Dalbergia assamica* Benth.
印度檀	印度黄檀	*Dalbergia sissoo* Roxb.[Hort. Beng.53.1814,nom. Nud.] ex DC.
五爪兰、鹰爪兰、鹰爪、莺爪	鹰爪花	*Artabotrys hexapetalus* (L. f.) Bhandari
/	橄榄	*Canarium album* (Lour.) DC.
黑榄、木威子	乌榄	*Canarium pimela* Leenh.
攀枝、斑芝树、斑芝棉、攀枝花、英雄树、红棉	木棉	*Bombax ceiba* Linnaeus
枇杷果、七姐果、凤眼果	苹婆	*Sterculia monosperma* Ventenat
米锥、白栲、石槠、小叶槠、米子子槠、细米橹、白橹、长尾栲、锯叶长尾栲	米槠	*Castanopsis carlesii* (Hemsl.) Hay.
橡树、夏橡、英国栎	夏栎	*Quercus robur* Linnaeus
大叶蜡梅、狗矢蜡梅、狗蝇梅、蜡梅、磐口蜡梅、黄梅花、黄金茶、石凉茶、梅花、瓦乌柴、麻木柴、荷花蜡梅、素心蜡梅、蜡木	蜡梅	*Chimonanthus praecox* (L.) Link
土杉、罗汉杉、狭叶罗汉松	罗汉松	*Podocarpus macrophyllus* (Thunb.) Sweet

全书树木名称检索②

俗名	中文正名	拉丁学名
黄桷兰、黄玉兰、飞黄木兰、飞黄玉兰、瞻波伽、占波、黄葛兰、黄兰含笑	黄缅桂	*Michelia champaca* L.
白兰花、缅栀、把儿兰、缅桂、白缅花、白缅桂	白兰	*Michelia × alba* DC.
玉堂春	二乔玉兰	*Yulania × soulangeana* (Soul.-Bod.) D. L. Fu
木樨、岩桂、月桂	丹桂	*Osmanthus fragrans* var. *aurantiacus* Makino
银莲果、人面树	人面子	*Dracontomelon duperreanum* Pierre
扁桃、唛咖、酸果、唛介、桃叶芒果、桃叶杧果、桃叶芒、桃叶杧	天桃木	*Mangifera persiciforma* C. Y. Wu & T. L. Ming
赤榕、红榕、万年青、细叶榕、厚叶榕树	榕树	*Ficus microcarpa* L. f.
黄葛榕、大叶榕、黄桷树、绿黄葛树	黄葛树	*Ficus virens* Aiton
思维树、菩提榕、觉树、沙罗双树、阿摩洛珈、阿里多罗、印度菩提树、黄桷树、毕钵罗树	菩提树	*Ficus religiosa* L.
赌博赖、击常木	变叶榕	*Ficus variolosa* Lindl. ex Benth.
小叶垂榕、垂枝榕、垂榕、雷州榕	垂叶榕	*Ficus benjamina* L.
五指毛桃、猫卵子果、马草果、青冈果、大果佛掌榕、三指佛掌榕、短毛佛掌榕、掌叶榕、佛掌榕、大青叶、丫枫小树、大果粗叶榕、薄毛粗叶榕、全缘粗叶榕	粗叶榕	*Ficus hirta* Vahl
大石榴、蜜枇杷、大木瓜、波罗果、大无花果、馒头果、木瓜榕	大果榕	*Ficus auriculata* Lour.
猫卵子	黄毛榕	*Ficus esquiroliana* Levl.
高榕、万年青、大青树、大叶榕、鸡榕	高山榕	*Ficus altissima* Blume
鸡嗉子、鸡嗉子果	鸡嗉子榕	*Ficus semicordata* Buch.-Ham. ex Sm.

全书树木名称检索③

俗名	中文正名	拉丁学名
锡金榕、石榕	假斜叶榕	*Ficus subulata* Bl.
马郎果	聚果榕	*Ficus racemosa* L.
假菩提榕	心叶榕	*Ficus rumphii* Bl.
/	斜叶榕	*Ficus tinctoria* subsp. *gibbosa* (Bl.)Corner
印度橡胶树、橡皮榕	印度榕	*Ficus elastica* Roxb. ex Hornem.
幹花榕、青果榕	杂色榕	*Ficus variegata* Bl.
/	枕果榕	*Ficus drupacea* Thunb.
小银茶匙	台湾榕	*Ficus formosana* Maxim.
大叶有加利、大叶桉	桉	*Eucalyptus robusta* Smith
/	荔枝	*Litchi chinensis* Sonn.
羊眼果树、桂圆、圆眼	龙眼	*Dimocarpus longan* Lour.
路路通、山枫香树	枫香树	*Liquidambar formosana* Hance
五味子	五月茶	*Antidesma bunius* (L.) Spreng
十里香、月橘、青木香、四季青、黄金桂、过山香、九树香、九秋香、万里香、七里香、石桂树、千里香	九里香	*Murraya exotica* L. Mant.
猪母楠、纳楠、山口羊、山菠萝树、假沙梨、银柿树、木浆子、水冬瓜、毛黄木、毛腊树、假柿树	假柿木姜子	*Litsea monopetala* (Roxb.) Pers.
桢南、黄楠、八角楠、荔枝楠	华润楠	*Machilus chinensis* (Champ. ex Benth.) Hemsl.
小叶樟、樟木子、香蕊、番樟、木樟、乌樟、臭樟、栳樟、瑶人柴、樟木、油樟、芳樟、香樟、樟树	樟	*Cinnamomum camphora*
黄鳝藤、鞭炮花、炮仗花	炮仗藤	*Pyrostegia venusta* (Ker-Gawl.) Miers
洋桃、五稔、五棱果、五敛子、杨桃	阳桃	*Averrhoa carambola* L.

参考文献

[1]毕耀威,黎婉琼.广州沙面古树的保护[J].广东园林,1999(02):28-31.

[2]蔡晓素.岭南雄刹海幢寺,竟有这些传奇故事……[Z/OL].微社区e家通海棠花开,2018-08-14.https://mp.weixin.
qq.com/s/jRJ4d1vsjLktSXm-WoDpjw.

[3]陈灿彬.岭南植物的文学书写[D].南京:南京师范大学,2017.

[4]陈果,左西尧,黄亚婷.褐根病:广州古树首遇"真菌杀手"[N].广东建设报,2008-08-08(A08).

[5]陈洁娜,王长庚,陈瑾,等.洪秀全:英雄史诗,历史悲剧[N].南方日报,2004-08-16(A05).

[6]陈梦君,孙丽君,向科.近现代岭南庭园建筑的地域性表达——以东莞可园和白云山庄旅舍为例[J].广东园林,
2016,38(05):46-49.

[7]陈培栋.中英友谊话橡树[J].花卉,2015,266(16):15-16.

[8]陈秋菊,郭盛才,陈盼.广东省古树名木资源现状及分布研究[J].林业调查规划,2019,44(05):172-175+180.

[9]陈志焘.一树一村一个梦[J].牡丹,2015,318(24):7.

[10]崔杰,莫志安,凌钧华.附生植物在石门国家森林公园古树周边景观提升的应用[J].广东园林,2018,40(04):88-90.

[11]崔晓.市花,你在哪里?[J].南风窗,1995(03):16.DOI:10.19351/j.cnki.44-1019/g2.1995.03.009.

[12]戴晓军.温泉宾馆话名木[J].国土绿化,2017,279(06):57.

[13]方兴.广东传统寺观园林空间营造研究[D].广州:华南理工大学,2019.DOI:10.27151/d.cnki.
ghnlu.2019.004156.

[14]冯毅敏,孙龙华,李智琦,等.广州市城区古树后续资源调查与保护建议[J].广东园林,2016,38(04):73-76.

[15]葛裴美子.广州古代城市格局保护与展示策略研究[D].北京:清华大学,2015.

[16]关于公布广州市第五批古树名木的通知[J].广州政报,2008,456(03):27-49.

[17]管东生,胡月玲,郑淑颖,等.广州城市古树名木的特征及其保护[J].中国园林,1999(05):62-64.

[18]广州拟规定城市更新不砍老树 广州砍树超10株或要征求公众意见[Z/OL].光明网,2021-10-24.https://www.
sohu.com/na/496929327_162758.

[19]广州市城市树木保护管理规定(试行)[EB].广州市林业和园林局,2022-01-11.https://gz.gov.cn/gfxwj/
sbmgfxwj/gzslyhylj/content/post_8019967.html.

[20]广州有棵700年龙门古树,这一习俗代代相传![Z/OL].广州日报,2022-05-16.https://mp.weixin.qq.com/s/
LVdic_VtuL93CHzh1PSwNg.

[21]广州这棵195岁龙眼树,藏着一段传奇故事[Z/OL].广州日报,2022-06-13.https://www.sohu.com/
a/556892028_121117479.

[22]胡新月,刘亚,庄雪影.广州佛教四大丛林园林植物及其特色[J].中国园林,2014,30(02):82-86.

[23]加起来超1000岁!揭秘全广州最老最大的孖生古树![Z/OL].合生中央城,2022-05-09.https://mp.weixin.
qq.com/s/ZevRU-moITXrgCsifBsU4Q.

[24]李磊,李许文,倪建中,等.广州从化南平村风水林植物群落学特征及规划建议[J].南方林业科学,2019,47(01):49-
54.DOI:10.16259/j.cnki.36-1342/s.2019.01.013.

[25]李朋远,林晓娜,程华荣.城市园林古树造景施工技术[J].现代园艺,2018,369(21):192-193.DOI:10.14051/
j.cnki.xdyy.2018.21.107.

[26]李宜斌.广州旧城区绿地系统规划研究[J].广东园林,2009,31(02):18-22.

[27]李智琦,阮琳,熊咏梅.广州中山纪念堂植物群落结构动态变化[J].广东园林,2021,43(04):90-92.

[28] 梁冠威,谢伟文,谭广文,等.广州白云山风景区近自然边坡植物群落景观特征分析[J].热带农业科学,2022,42(03):111-115.

[29] 刘广福,臧润国,丁易,等.林冠附生植物研究综述[J].世界林业研究,2011,24(01):33-40.DOI:10.13348/j.cnki.sjlyyj.2011.01.005.

[30] 刘伟,向旭.荔枝新品种——北园绿[J].中国果业信息,2019,36(01):65-66.

[31] 刘谓承,汪涛,赵建刚,等.广东新会小鸟天堂鸟类多样性及保护策略[J].生态科学,2014,33(05):955-962.DOI:10.14108/j.cnki.1008-8873.2014.05.022.

[32] 刘亚.论沙面建筑保护区内的植物配置[J].林业建设,2011,161(05):53-60.

[33] 卢学理,张强,黄志荣,等. 广州市木棉访花鸟类的初步调查[C]//中国动物学会鸟类学分会.第十二届全国鸟类学术研讨会暨第十海峡两岸鸟类学术研讨会论文摘要集.(出版者不详),2013:1.

[34] 卢紫君,刘锡辉,涂慧萍.广州市中心城区古树名木的资源现状与开发利用[J].林业与环境科学,2017,33(01):77-80.

[35] 骆会欣. 广州为树木做"B超"诊断病情[N]. 中国花卉报,2007-02-01(007).

[36] 骆卫坚.古树及其后续资源保护措施——以广州市中心城区为例[J].乡村科技,2022,13(07):90-93.DOI:10.19345/j.cnki.1674-7909.2022.07.016.

[37] 梅艳,林海,雷福民.试析古树名木崇拜及其生态意义——以浙江山区为例[J].生态经济,2005(09):105-107.

[38] 潘鈜.朱德与我国林业建设[J].党史文苑,2015,428(18):30-32.

[39] 钱万惠,赵庆,唐洪辉.珠三角城郊乡村人居型文化林结构特征及森林文化初探[J].广东园林,2019,41(02):25-33.

[40] 沈阳,洪旭,吕文刚,等.出口观赏榕树田间主要病害危害症状及防治策略[J].现代园艺,2019,375(03):158-159.DOI:10.14051/j.cnki.xdyy.2019.03.084.

[41] 束庆龙,曹志华,张鑫.树木健康与环境因素的关系分析[J].安徽林业科技,2011,37(01):42-44+54.

[42] 苏祖荣.唯有植者留其名——福建名人植树的前世今生[J];福建林业;2014(04):9

[43] 孙延军,王一钦,林石狮.珠三角区域引鸟园林花卉调查与生态景观设计建议[J].广东园林,2019,41(01):4-9.

[44] 孙中山与植树节[N]. 中山日报,2007-03-11(B01).

[45] 它276岁了,被称为白云区"最美味的古树",香!甜! [Z/OL].广州日报,2022-06-20.https://mp.weixin.qq.com/s/oWSIafWzM6RJ3m8THmf8GQ.

[46] 王宝华. 中国古树名木文化价值研究[D].南京:南京农业大学,2009.

[47] 王东秀,车瑞,朱宇钒,等.广东省古树名木保护和开发利用——以绿美古树乡村建设为例[J].林业与环境科学,2021,37(06):163-168.

[48] 王海华,李文业,林福新,等.基于存活类型的增城区古树名木保护管理对策探讨[J].热带林业,2021,49(04):77-80.

[49] 王秋萍,黄晖星.岭南文学中木棉意象的内涵及价值[J].唐山学院学报,2020,33(02):84-88.DOI:10.16160/j.cnki.tsxyxb.2020.02.010.

[50] 王秋萍.文学意象对城市形象的多元化建构——以广州为例[J].广西教育学院学报,2020,169(05):69-72.

[51] 韦丽沙. 广州明城墙遗址保护与利用研究[D].广州:华南理工大学,2016.

[52] 魏丹,郑昌辉,叶广荣,等.广东省古树资源分布及文化要素研究[J].西北林学院学报,2021,36(06):181-187.

[53] 吴宝华.浅谈黄花岗公园古树名木的养护与复壮[J].广东园林,2003(04):32-35.

[54] 伍勇,余金昌,黄小凤,等.东莞植物园引鸟植物使用现状与景观建设分析[J].现代园艺,2018,363(15):115-116.DOI:10.14051/j.cnki.xdyy.2018.15.064.

[55] 谢婷婷. 关于广州市越秀公园生态完善建设的研究[D].广州:华南理工大学,2012.

[56]熊梦林.广州明清城墙遗产游步道构建研究[D].广州:华南理工大学,2019.DOI:10.27151/d.cnki. ghnlu.2019.003256.

[57]徐桥凤.广州增城区正果畲族村风景区旅游产品开发探析[J].旅游纵览,2020,No.331(22):86-88.

[58]徐臻.城郊型传统村落保护发展思路探索——以广州市从化区木棉村为例[J].智能城市,2022,8(07):19-21. DOI:10.19301/j.cnki.zncs.2022.07.007.

[59]徐志平,叶广荣,何世庆,等.广州市古树群保护现状调查[J].广东园林,2012,34(01):55-57.

[60]杨宏烈.南粤榕树文化景观的美学探微——以广州沥滘古村为例[J].广州城市职业学院学报,2019,13(01):1-7.

[61]杨伟儿,张乔松,阮琳,等.略谈广州古果树的保护问题[J].广东园林,2001(04):46-47.

[62]杨伟儿,张乔松,阮琳,等.番禺区古树名木保护规划[J].广东园林,2002(04):12-17.

[63]杨泽业,郑杰文,列嘉麒,等.增城畲族村的社区管理与文化传承[J].公关世界,2021,494(03):40-45.

[64]姚崇新.广州光孝寺早期沿革与驻锡外国高僧事迹考略——兼论光孝寺在中外佛教文化交流中的地位[J].广州文博,2018(00):23-81.

[65]叶广荣,何世庆,陈莹,等.广州市古树名木现状与保护对策[J].热带农业科学,2014,34(03):87-91.

[66]叶广荣,胡彦辉,蒋爱琼,等.广州市第五批古树名木资源调查及树龄鉴定[J].广东园林,2008,125(04):34-36.

[67]叶广荣,吴渭湛,何世庆,等.广州木棉古树生长状况调查及保护对策[J].农业研究与应用,2014,152(03):88-92.

[68]叶少萍,吴渭湛,叶广荣,等.广州市花都区古树名木资源与区系特征分析[J].山西林业科技,2016,45(03):9-13.

[69]易绮斐,王发国,叶琦君,等.广州从化市古树名木资源调查初报[J].植物资源与环境学报,2011,20(01):69-73.

[70]岳重仁.名人与植树[J].林业与生态,2012,656(05):35-37.DOI:10.13552/j.cnki.lyyst.2012.05.010.

[71]张钧和.放"焰花"的无忧树[J].中国花卉盆景,2010,310(11):27.

[72]张乔松,杨伟儿,贺漫媚,等.花都区古树名木保护规划[J].广东园林,2004(03):9-16.

[73]邹歆.广州古城墙(越秀山段)保护初探[D].广州:华南理工大学,2011.

[73]广州市佛教协会编注.羊城禅藻集:历代广州佛教丛林诗词选.广州:花城出版社.2003.8.

写在后面

　　要论书的定性，它将会是一本杂糅了历史、植物、风俗等基础知识的科普小文，正因为是杂糅和融会，你品，它通俗而易懂；又因为是科普，它又要体现学科的科学性。

　　作为编者，在表达上，确实有为难之处，比如，以我们最常说的榕树为例——《中国植物志》的中文正名为"榕树"的树，指的其实是广府村落最爱当作村口社树的细叶榕，而在老广的心目中，榕树不但是四季常青的细叶榕，还是入春时叶落、满城金黄的大叶榕（它的中文正名是"黄葛树"），同样四季常青但叶尖下垂的垂叶榕，以及生长极快的高山榕、印度榕，甚至是佛教的圣树菩提榕……基本上整个榕属的成员，都一并打包叫作——榕树，为了避免产生歧义，本书中，"榕树"指向的是榕属的各种树种，而中文正名为"榕树"的树，则按约定俗成的叫法，写成"细叶榕"，同样，中文正名为"黄葛树"的树，写成"大叶榕"。

　　另外，一些中文正名不带"树"的树，或因果实与树同名，如荔枝、龙眼，说到千年荔枝、千年龙眼时，容易产生"究竟说的是千年的果实，还是千年的树"这样的模糊性；又比如白兰，容易产生"白色的兰花"的歧义，在这类语境下，我们会在中文正名后加上"树"，如荔枝树、龙眼树、白兰树。

　　在大部分时候，我们还是采纳《中国植物志》中文正名的命名，毕竟植物的俗名在各地千差万别，极易混为一谈。当然，这个全国通用的中文正名，也一直在变化，举个著名的例子：

　　在广州，宫粉紫荆是春天最引人注目的花树，它原来被叫作宫粉羊蹄甲，被嫌名字不雅后，更名叫洋紫荆，叫洋紫荆之后，又发现容易与香港区花混淆，直接定名为宫粉紫荆，虽说与紫荆完全两个长相，照顾到大家的既定认知，还是叫成宫粉紫荆。

　　常常被村民叫作"相思树"的海红豆，我们采纳了中文正名——海红豆，这样就不易跟台湾相思、马占相思"串台"了。本书所涉学科领域较多、信息繁杂，难免出现错漏，还望多提宝贵意见。

　　另外，书中所涉数据——古树树龄、古树数量，都以2023年12月的数据为准，每一年，古树们都在加油延年益寿，我们也要加油呀！